A Student's Guide to Lagrangians and Hamiltonians

大学生理工专题导读
——拉格朗日量和哈密顿量

[美] 帕特里克·哈米尔(Patrick Hamill) 著
井 帅 译

机 械 工 业 出 版 社

本书对变分法进行了简明而严格的处理，对拉格朗日量和哈密顿量进行了集中研究．本书首先将拉格朗日方程应用于许多动力系统中，介绍了广义坐标和广义动量的概念，并介绍了变分法以推导欧拉－拉格朗日方程，然后介绍了哈密顿原理以及它的一些应用，接下来讨论了哈密顿量、哈密顿方程、正则变换、泊松括号和哈密顿－雅可比理论，最后讨论了连续拉格朗日量和哈密顿量以及它们与场论的关系．

本书语言清晰、简洁，并配有大量的实例和练习来帮助学生掌握学习材料，是对力学课程有价值的补充．

本书主要面向物理专业的学生，对数学、管理科学等相关专业的学生也会大有裨益．

译者序

本书的主要内容是对动力系统中拉格朗日量和哈密顿量的深入研究，其中变分法是重要的数学工具. 在与最优控制相关的教材中，如数学和管理科学等，经常会出现相似的术语和名词，一般教材会直接介绍数学原理，但学生们对其物理来源和原理都不甚了解，本书则给出了清楚而简洁的解释和说明.

译者认为，本书不仅可以作为物理专业力学课程的有益补充，对数学、管理科学等相关专业的学生也会大有裨益. 如果学生具备微积分和线性代数基础，并了解动力学的一些基本知识，那么对了解最优化理论的来龙去脉、知其所以然是有好处的.

本书给出了大量有实际应用背景的例子和习题（缺点可能是缺少习题详解），对读者举一反三地理解概念和方法很有帮助.

原书存疑的地方共三四十处，译者在翻译过程中均一一订正，正文中不再逐一指出.

由于译者水平有限，因此译文难免有错谬之处，欢迎读者批评指正.

井　帅

前 言

这本书的目的是给学物理的学生介绍拉格朗日量和哈密顿量的基本概况. 本书关注力学中的变分法. 这里讨论的内容只包括与拉格朗日和哈密顿方法直接相关的主题. 它不是传统的研究生力学教材, 也不包括戈尔茨坦、费特和瓦列卡, 或朗道和利夫希兹等课本中涉及的许多主题; 为了帮助读者理解内容, 本书包括了大量的简单练习和少量有难度的习题. 其中一些练习与不太重要的内容相关, 且仅用于帮助读者专注于某个方程或概念. 如果完成了简单练习, 读者就会为解决习题做更好的准备. 我还将一些应用实例囊括了进来. 读者可能会发现一步一步地仔细完成它们将会很有帮助.

致 谢

我想感谢我的研究生力学课上的学生，他们对分析力学的兴趣是我写这本书的灵感所在．我还想感谢我在圣何塞州立大学物理系和天文系的同事，特别是亚历杭德罗·加西亚博士和迈克尔·考夫曼博士，我从他们那里学到了很多东西．最后，我感谢剑桥大学出版社那些乐于助人、知识渊博的编辑和工作人员的支持与鼓励．特别感谢肯尼·斯科特博士和众多发现打印错误的读者．

目 录

第1部分　拉格朗日力学

第 1 部分　拉格朗日力学

第 1 章

基本概念

本书是关于拉格朗日量和哈密顿量的. 更确切地说，本书主要是关于分析力学的变分法. 读者可能没有接触过变分法，或者曾经知道但现在忘记了，所以假设读者不知道前面所说的“分析力学的变分法”，但是当学完前两章的时候，读者会对本概念有很好的掌握.

首先回顾一些基本概念和背景内容的概述. 本章介绍的一些概念会在入门和中级力学课程中学到. 但是读者还将遇到几个新的概念，这些概念将有助于读者对高级分析力学的理解.

1.1 运动学

质点是一种具有质量但没有空间范围的物质体. 几何学上，它是一个点. 质点的位置通常由从坐标系原点到质点的向量 $\boldsymbol{r}$ 指定. 可以假设坐标系是惯性的，并可以假设坐标系是大家熟悉的笛卡儿坐标系（见图 1.1).

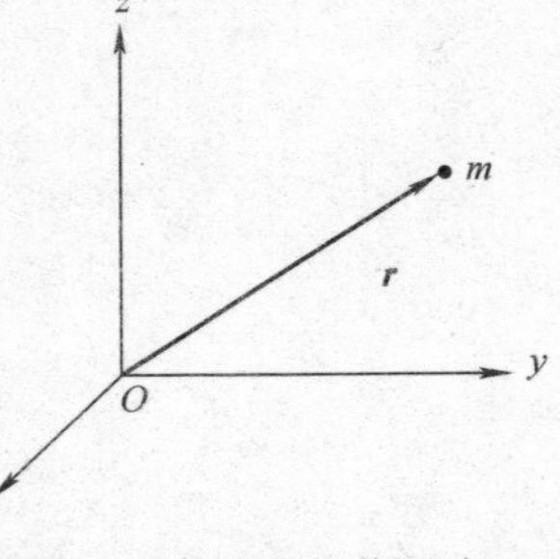

图 1.1　质点的位置由向量 $\boldsymbol{r}$ 指定

质点的速度定义为质点位置随时间的变化率，质点的加速度定义为质点速度随时间的变化率. 也就是说，

$$\boldsymbol{v}=\frac{\mathrm{d}\boldsymbol{r}}{\mathrm{d}t}=\dot{\boldsymbol{r}}, \tag{1.1}$$

以及

$$\boldsymbol{a}=\frac{\mathrm{d}\boldsymbol{v}}{\mathrm{d}t}=\ddot{\boldsymbol{r}}. \tag{1.2}$$

作为 $\boldsymbol{r}$、$\dot{\boldsymbol{r}}$ 和 t 的函数，$\boldsymbol{a}$ 的方程称为运动方程. 运动方程是一个二阶微分方程，其解 $\boldsymbol{r}=\boldsymbol{r}(t)$ 为时间函数. 对于任何合理的加速度表达式，

运动方程都可以用数值方法求解，而对于某一小部分加速度表达式，运动方程可以用解析方法求解. 读者可能会惊讶，求解运动方程唯一的通用方法是在第6章中所介绍的哈密顿－雅可比方程中所体现的步骤. 以前接触过的所有解法都是类似非常简单的加速度的特殊情况.

读者在物理学入门课程中熟悉的典型问题包括物体坠落或抛射体的运动. 因为运动发生在平面上，所以大家会知道抛射问题是二维的. 它通常用笛卡儿坐标来描述.

二维运动的另一个重要例子是质点在圆形或椭圆形的轨道上运动，例如行星绕着太阳运行. 由于运动是平面的，物体的位置可以由两个坐标来指定. 这些通常是平面极坐标（r，θ），其与笛卡儿坐标的关系由变换方程

$$x = r\cos\theta,$$
$$y = r\sin\theta$$

给出. 这是点变换的一个例子，其中 $x-y$ 平面中的点映射到 $r-\theta$ 平面中的点.

读者会记得在极坐标系中，加速度矢量可以分解成径向分量和方位分量

$$\boldsymbol{a} = \ddot{\boldsymbol{r}} = a_r\hat{\boldsymbol{r}} + a_\theta\hat{\boldsymbol{\theta}}. \tag{1.3}$$

练习1.1 给质点脉冲以使它有速度 v_0. 然后它具有由 $a = -bv$ 给出的加速度，其中 b 是常数，v 是速度. 求 $v = v(t)$ 和 $x = x(t)$ 的表达式.（这是一维问题.）答：$x(t) = x_0 + (v_0/b)(1-\mathrm{e}^{-bt})$.

练习1.2 假设质量为 m 的物体的加速度由 $a = (-(k/m)x$ 给出.（a）写出运动方程.（b）求解运动方程.（c）如果物体在 $x = A$ 时从静止状态释放出来，确定任意常数（或积分常数）的值.（该运动称为“简谐的”.）答（c）：$x = A\sin(\sqrt{k/m}t + \pi/2) = A\cos\sqrt{k/mt}$.

练习1.3 在平面极坐标中，位置由 $\boldsymbol{r} = r\hat{\boldsymbol{r}}$ 给出. 用 r，θ，$\hat{\boldsymbol{r}}$，$\hat{\boldsymbol{\theta}}$ 表示速度和加速度.（提示：将 $\hat{\boldsymbol{r}}$ 和 $\hat{\boldsymbol{\theta}}$ 用 $\hat{\boldsymbol{i}}$ 和 $\hat{\boldsymbol{j}}$ 表示.）答：$\boldsymbol{a} = (\ddot{r} - r\dot{\theta}^2)\hat{\boldsymbol{r}} + (r\ddot{\theta} + 2\dot{r}\dot{\theta})\hat{\boldsymbol{\theta}}$.

1.2 广义坐标

在上一节中，已经说明了质点的位置是由向量 $\boldsymbol{r}$ 给出的. 假设一个惯性笛卡儿坐标系，其中 $\boldsymbol{r}$ 的分量是（x，y，z）. 当然，还有很多其他的方法可以指定质点的位置. 一些可以立即想到的方法是给出向量 $\boldsymbol{r}$ 在柱坐标（ρ，ϕ，z）或球坐标（r，θ，ϕ）中的分量. 显然，一个特定的问题可以用许多不同的坐标组来表示.

在三维空间中，需要三个坐标来指定单个质点的位置. 对于由两个质点组成的系统，需要六个坐标. 由 N 个质点组成的系统需要 $3N$ 个坐标. 在笛卡儿坐标系中，两个质点的位置可以用一组数字（x_1，y_1，z_1，x_2，y_2，z_2）来描述. 对于 N 个质点，所有质点的位置是

$$(x_1, y_1, z_1, x_2, y_2, z_2, \cdots, x_N, y_N, z_N).$$

不同的问题适用于不同的坐标系. 为了避免对使用的坐标系有明确的指定，所以将用 q_i 表示坐标，用 $\dot{q}_i$ 表示相应的速度，称 q_i 为“广义坐标”. 当然，对于任何特定的问题，都要选择一组适当的坐标；在某个问题中，可能需要使用球坐标，在这种情况下，当 i 的取值范围是 1 ~3 时，坐标 q_i 的值是 r，θ，ϕ；而在另一个问题中，可能需要使用圆柱坐标，这时 q_i 的值是 ρ，ϕ，z. 要从笛卡儿坐标变换为广义坐标，需要知道变换方程，即它们之间的关系：

$$\begin{cases} q_1 = q_1(x_1, y_1, z_1, x_2, y_2, \cdots, z_N, t), \\ q_2 = q_2(x_1, y_1, z_1, x_2, y_2, \cdots, z_N, t), \\ \quad\vdots \\ q_{3N} = q_{3N}(x_1, y_1, z_1, x_2, y_2, \cdots, z_N, t). \end{cases} \tag{1.4}$$

其逆关系也称为变换方程. 对于由 N 个质点组成的系统，有

$$\begin{cases} x_1 = x_1(q_1, q_2, \cdots, q_{3N}, t), \\ y_1 = y_1(q_1, q_2, \cdots, q_{3N}, t), \\ \quad\vdots \\ z_N = z_N(q_1, q_2, \cdots, q_{3N}, t). \end{cases} \tag{1.5}$$

用字母 x 表示所有笛卡儿坐标通常很方便. 因此，对于单个质

点，(x, y, z) 写为 (x_1, x_2, x_3)，对于 N 个质点，$(x_1, y_1, \cdots, z_N)$ 表示为 $(x_1, \cdots, x_n)$，其中 $n=3N$.

通常假设，给定从 q 到 x 的变换方程，可以从 x 到 q 进行逆变换，但这并不总是可行的. 如果方程（1.4）的雅可比行列式不为零，则可以进行逆变换. 即

$$\frac{\partial(q_1, q_2, \cdots, q_n)}{\partial(x_1, x_2, \cdots, x_n)} = \begin{vmatrix} \partial q_1/\partial x_1 & \partial q_1/\partial x_2 & \cdots & \partial q_1/\partial x_n \\ \vdots & \vdots & & \vdots \\ \partial q_n/\partial x_1 & \partial q_n/\partial x_2 & \cdots & \partial q_n/\partial x_n \end{vmatrix} \neq 0.$$

通常假定广义坐标是线性无关的，因此形成一组极小坐标集来描述问题. 例如，质点在半径为 a 的球体表面上的位置可以用两个角度（如经度和纬度，来描述. 这两个角度形成了一组极小线性无关坐标集. 然而，也可以用三个笛卡儿坐标 x，y，z 来描述质点的位置，显然，这不是一个极小集. 其原因是笛卡儿坐标并非完全独立，它们是由 $x^2+y^2+z^2=a^2$ 关联起来的. 注意，给定 x 和 y，坐标 z 是确定的. 这种关系被称为“约束”，可以发现每个约束方程都会减少一个独立的坐标数.

尽管笛卡儿坐标具有作为矢量分量的性质，但对于广义坐标来说，这不一定成立. 因此，在关于球体上的质点的例子中，两个角度是一组适当的广义坐标，但它们不构成向量. 实际上，广义坐标甚至不需要是通常意义上的坐标. 稍后将看到，在某些情况下广义坐标可以是动量的组成部分，甚至是没有物理意义的量.

当实际解决问题时，可以使用笛卡儿坐标系或者柱坐标系，或任何对特定问题最方便的坐标系. 但对于理论工作，几乎总是用广义坐标 $(q_1, \cdots, q_n)$ 来表示问题. 正如将要看到的，广义坐标的概念远不仅仅是一个符号而已.

练习 1.4 推出笛卡儿坐标到球坐标的变换方程. 计算这个变换的雅可比行列式. 说明两个坐标系中的体积元素与雅可比行列式的关系. 答：$\mathrm{d}\tau = r^2 \sin\theta \mathrm{d}r \mathrm{d}\theta \mathrm{d}\phi$.

1.3 广义速度

如上所述，质点在空间中的特定点的位置可以根据笛卡儿坐标（x_i）或广义坐标（q_i）来指定. 它们通过变换方程相联系：

$$x_i = x_i(q_1, q_2, q_3, t).$$

注意到 x_i 是特定质点的三个笛卡儿坐标之一，一般与所有的广义坐标都相关.

现在用广义坐标来确定速度的各个分量.

质点在 x_i 方向上的速度是 v_i 并有定义

$$v_i \equiv \frac{\mathrm{d}x_i}{\mathrm{d}t}.$$

但 x_i 是 q 的函数，因此根据求导的链式法则得到

$$v_i = \sum_{k=1}^{3} \frac{\partial x_i}{\partial q_k} \frac{\mathrm{d}q_k}{\mathrm{d}t} + \frac{\partial x_i}{\partial t} = \sum_k \frac{\partial x_i}{\partial q_k}\dot{q}_k + \frac{\partial x_i}{\partial t}. \tag{1.6}$$

现在推导一个关于 v_i 对 $\dot{q}_j$ 求偏导的非常有用的关系式. 由于混合二阶偏导数不依赖于求偏导的顺序，故可以写成

$$\frac{\partial}{\partial \dot{q}_j} \frac{\partial x_i}{\partial t} = \frac{\partial}{\partial t} \frac{\partial x_i}{\partial \dot{q}_j}.$$

由于 x 与广义速度 $\dot{q}$ 无关，故 $\dfrac{\partial x_i}{\partial \dot{q}_j} = 0$. 在方程（1.6）中对 v_i 关于 $\dot{q}_j$ 求偏导得

$$\begin{aligned}
\frac{\partial v_i}{\partial \dot{q}_j} &= \frac{\partial}{\partial \dot{q}_j} \sum_k \frac{\partial x_i}{\partial q_k}\dot{q}_k + \frac{\partial}{\partial \dot{q}_j} \frac{\partial x_i}{\partial t} \\
&= \frac{\partial}{\partial \dot{q}_j} \sum_k \frac{\partial x_i}{\partial q_k}\dot{q}_k + 0 \\
&= \sum_k \left(\frac{\partial}{\partial \dot{q}_j} \frac{\partial x_i}{\partial q_k}\right)\dot{q}_k + \sum_k \frac{\partial x_i}{\partial q_k} \frac{\partial \dot{q}_k}{\partial \dot{q}_j} = 0 + \sum_k \frac{\partial x_i}{\partial q_k}\delta_{ij} \\
&= \frac{\partial x_i}{\partial q_j}.
\end{aligned}$$

因此得到

$$\frac{\partial v_i}{\partial \dot{q}_j}=\frac{\partial x_i}{\partial q_j}. \tag{1.7}$$

这个简单的关系在许多关于广义坐标的推导中非常有用. 幸运的是，它很容易记住，因为它指出笛卡儿速度与广义速度的关系就像笛卡儿坐标与广义坐标的关系一样.

1.4 约束

每个物理系统的自由度都是有特定数量的. 自由度是完全指定系统每个部分的位置所需的独立坐标数. 要描述自由质点的位置，必须指定三个坐标的值（例如 x、y 和 z）. 因此，自由质点的自由度为3. 对于由两个自由质点组成的系统，需要指定两个质点的位置. 每个质点的自由度均为3，所以整个系统的自由度为6. 一般来说，由 N 个自由质点组成的机械系统的自由度为 $3N$。

当系统受到约束力作用时，通常可以减少描述运动所需的坐标数. 例如，质点在桌子上的运动可以用 x 和 y 来描述，约束条件是 z 的坐标（定义为垂直于桌子），由 $z=$ 常量给出. 质点在球体表面的运动可以用两个角度来描述，约束本身可以用 $r=$ 常数来表示. 每个约束会将自由度的数目减少一个.

在许多问题中，系统以某种方式受到约束. 例如在桌子表面滚动的大理石或沿着金属丝滑动的珠子. 在这些问题中，质点不是完全自由的. 有一些力作用在上面限制了它的运动. 如果冰球在光滑的冰上滑动，则重力向下作用，法向力向上作用. 如果冰球离开冰面，法向力就会停止作用，而重力会很快把它带回到冰面上. 在冰面，法向力阻止冰球继续沿垂直方向向下移动. 表面对质点施加的力称为约束力.

如果由 N 个质点构成的系统受到 k 个约束，那么描述运动所需的广义坐标数为 $3N-k$. [笛卡儿坐标数始终为 $3N$，但（独立的）广义坐标数为 $3N-k$.]

约束是指坐标之间的关系. 例如，如果一个质点被约束到抛物面的表面，该抛物面是通过围绕 z 轴旋转的抛物线形成的，那么该质点的坐标与 $z-x^2/a-y^2/b=0$ 相关．类似地，约束到球体表面的质点具有与 $x^2+y^2+z^2-a^2=0$ 相关的坐标．

如果约束方程（坐标之间的关系）可以表示为

$$f(q_1,q_2,\cdots,q_n,t)=0, \tag{1.8}$$

则该约束称为完整的．[㊀]

完整约束定义中的关键要素是：①等号；②它是涉及坐标的关系．例如，一个可能的约束是质点总是在半径为 a 的球体之外．这个约束可以表示为 $r\geqslant a$．这不是完整约束．有时约束不仅涉及坐标，还涉及速度或坐标的微分．这种约束也不是完整的．

作为非完整约束的一个例子，考虑大理石在一个非常粗糙的桌子上滚动．大理石需要五个坐标才能完全描述其位置和方向，两个线性坐标给出其在桌面上的位置，三个角度坐标描述其运动方向．如果桌面非常光滑，大理石可能会滑动，并且线性坐标和角度坐标之间没有关系．但是，如果桌面比较粗糙，则角度坐标和线性坐标之间存在关系（约束）．这些约束的一般形式为 $\mathrm{d}r=a\mathrm{d}\theta$，这是微分之间的关系．如果这种微分表达式可以积分，那么约束就成为坐标之间的关系，并且是完整的．但是，一般来说在平面上滚动不会导致可积关系．也就是说，滚动约束不是完整的，因为滚动约束是微分之间的关系，此约束方程不仅仅涉及坐标．（但直线滚动是可积的，因此是完整的．）

完整约束是广义坐标下的形如式（1.8）的方程，利用它可以将一个坐标用其他坐标来表示，从而减少描述运动所需的坐标数．

练习 1.5　珠子在以复杂方式穿过空间的金属丝上滑动．此约束是完整的吗？是严格的吗？

练习 1.6　画一张图，显示大理石可以在桌面上滚动并以不同方向返回其初始位置，但在直线滚动的角度和位置之间存在一对一关系．

㊀ 一个不显式包含时间的约束称为严格的．因此，$x^2+y^2+z^2-a^2=0$ 既是完整的，也是严格的．

练习 1.7　将在椭球表面移动的质点的约束表示出来.

练习 1.8　考虑双原子分子. 假设原子是点质量. 分子可以旋转并可以沿着连接原子的线振动. 它有多少个旋转轴?（我们不考虑最终状态与初始状态无法区分的操作.）分子有多少自由度?（答：6.）

练习 1.9　在室温下，氧气的振动自由度可以忽略不计. 氧分子在室温下的自由度是多少?（答：5.）

1.5　虚位移

虚位移 δx_i 定义为坐标 x_i 的无穷小的瞬时位移，与作用于系统的任何约束相一致.

为了理解一般位移 $\mathrm{d}x_i$ 与虚位移 δx_i 之间的差异，考虑变换方程

$$x_i = x_i(q_1, q_2, \cdots, q_n, t) \quad i = 1, 2, \cdots, 3N.$$

在变换方程两边取微分得

$$\begin{aligned}\mathrm{d}x_i &= \frac{\partial x_i}{\partial q_1}\mathrm{d}q_1 + \frac{\partial x_i}{\partial q_2}\mathrm{d}q_2 + \cdots + \frac{\partial x_i}{\partial q_n}\mathrm{d}q_n + \frac{\partial x_i}{\partial t}\mathrm{d}t \\ &= \sum_{\alpha=1}^{n} \frac{\partial x_i}{\partial q_\alpha}\mathrm{d}q_\alpha + \frac{\partial x_i}{\partial t}\mathrm{d}t.\end{aligned}$$

但对虚位移 δx_i 来说，时间可以忽略不计，故

$$\delta x_i = \sum_{\alpha=1}^{n} \frac{\partial x_i}{\partial q_\alpha}\mathrm{d}q_\alpha. \tag{1.9}$$

1.6　虚功与广义力

假设一个系统受到许多作用力. 令 F_i 为沿 x_i 方向的分力.（因此，对于双质点系统，F_5 是 y 方向上作用于质点 2 的力）. 若使所有笛卡儿坐标发生虚位移 δx_i，则外力所做的虚功是

$$\delta W = \sum_{i=1}^{3N} F_i \delta x_i.$$

将式（1.9）中的 δx_i 代入上式，则

$$\delta W = \sum_{i=1}^{3N} F_i \left(\sum_{\alpha=1}^{n} \frac{\partial x_i}{\partial q_\alpha} \delta q_\alpha \right).$$

交换求和次序，得

$$\delta W = \sum_{\alpha=1}^{n} \left(\sum_{i=1}^{3N} F_i \frac{\partial x_i}{\partial q_\alpha} \right) \delta q_\alpha.$$

回到“功等于力乘以距离”的基本概念，将广义力定义为

$$Q_\alpha = \sum_{i=1}^{3N} F_i \frac{\partial x_i}{\partial q_\alpha}. \tag{1.10}$$

则虚功可以表示为

$$\delta W = \sum_{\alpha=1}^{n} Q_\alpha \delta q_\alpha.$$

方程（1.10）是广义力的定义.

例 1.1　证明：虚功原理（平衡时 $\delta W = 0$）意味着作用在物体上的力矩之和必须为零.

解 1.1　选择任意方向 $\boldsymbol{\Omega}$ 的旋转轴. 让物体以无穷小角度 ε 绕 $\boldsymbol{\Omega}$ 旋转. 位于 $\boldsymbol{R}_i$ 处的点 P_i 相对于此轴的虚位移由下式给出：

$$\delta \boldsymbol{R}_i = \varepsilon \boldsymbol{\Omega} \times \boldsymbol{R}_i.$$

力 $\boldsymbol{F}_i$ 作用于 P_i 所做的功为

$$\delta W_i = \boldsymbol{F}_i \cdot \delta \boldsymbol{R}_i = \boldsymbol{F}_i \cdot (\varepsilon \boldsymbol{\Omega} \times \boldsymbol{R}_i) = \varepsilon \boldsymbol{\Omega} \cdot (\boldsymbol{R}_i \times \boldsymbol{F}_i) = \varepsilon \boldsymbol{\Omega} \cdot \boldsymbol{N}_i,$$

式中，$\boldsymbol{N}_i$ 是作用于 P_i 的轴上的扭矩. 总虚功为

$$\delta W = \sum_i \varepsilon \boldsymbol{\Omega} \cdot \boldsymbol{N}_i = \varepsilon \boldsymbol{\Omega} \cdot \sum_i \boldsymbol{N}_i = \varepsilon \boldsymbol{\Omega} \cdot \boldsymbol{N}_{tot}.$$

对于非旋转物体，$\boldsymbol{\Omega}$ 的方向是任意的，因此 $\boldsymbol{N}_{tot} = 0$.

练习 1.10　考虑由笛卡儿坐标描述的四个质点组成的系统. F_{10} 是多少？

练习 1.11　质点受力的作用，力的分量为 F_x 和 F_y. 确定极坐标中的广义力.

答：$Q_r = F_x \cos\theta + F_y \sin\theta$ 和 $Q_\theta = -F_x r \sin\theta + F_y r \cos\theta$.

练习 1.12 考虑图 1.2 中的装置. 绳子是不可拉伸的，且没有摩擦力. 通过对平衡所需的虚功的计算，证明：$M=m/\sin\theta$.（这可以使用基本方法来完成，但本题要求使用虚功.）

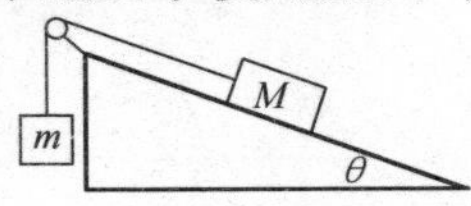

图 1.2 两个处于平衡状态的物体

1.7 位形空间

系统中所有质点位置的规范称为系统的*位形*. 一般来说，由 N 个自由质点组成的系统的位形由以下公式给出：

$$(q_1, q_2, \cdots, q_n), \text{这里 } n=3N. \tag{1.11}$$

考虑单个质点. 它在笛卡儿坐标系中的位置由 x，y，z 给出，在三维直角参考系中，质点的位置由一个点表示. 对于由两个质点组成的系统，可以用两点表示系统的位形，也可以（至少在概念上）在六维参考系中用单个点来表示位形. 在这个 6 维空间中，有六个相互垂直的轴，例如，x_1，y_1，z_1，x_2，y_2，z_2.

同样，由 N 个质点组成的系统的结构由 $3N$ 维参考系中的点表示.

这种多维参考系的轴不一定是笛卡儿坐标. 不同质点的位置可以用球坐标，或柱坐标，或广义坐标 q_1，q_2，$\cdots$，q_n 来表示. 因此，由两个质点组成的系统的结构表示为（q_1，q_2，$\cdots$，q_6），其中 $q_1=x_1$，$q_2=y_1$，$\cdots$，$q_6=z_2$ 以笛卡儿坐标表示. 在球坐标系中，$q_1=r_1$，$q_2=\theta_1$，$\cdots$，$q_6=\phi_2$，任何其他坐标系类似.

考虑单个质点的三维参考系. 随着时间的推移，坐标值也会发生变化. 这种变化是连续的，代表质点位置的点将描绘出一条平滑的曲线. 同样，在具有代表广义坐标的轴的 n 维位形空间中，代表系统位形的点将描绘出一条平滑的曲线，该曲线代表整个系统随时间的演变过程.（见图 1.3）

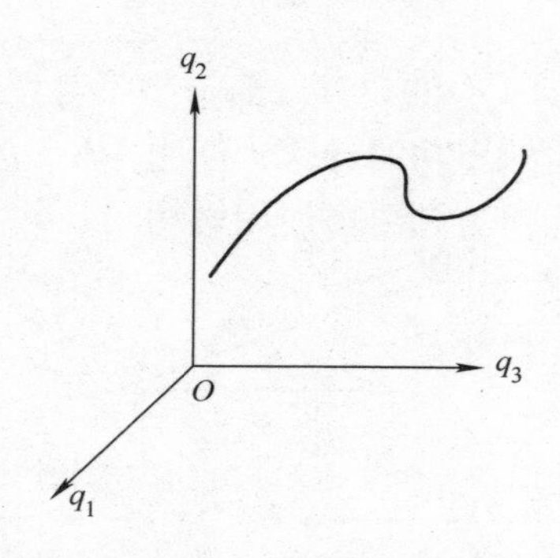

图 1.3　位形空间中的一条曲线. 注意，时间是给出在位形空间中的曲线上点的位置的参数

可以注意到，当从一组坐标变换为另一组坐标时，位形空间的特性可能会发生显著变化. 直线可能变成曲线，角度和距离也可能改变. 然而，一些几何性质仍然保持不变. 点仍然是点，曲线仍然是曲线. 相邻曲线保持相邻，点的邻域保持点的邻域（尽管邻域的形状可能不同）.

练习 1.13　质点沿着常数 r 的线从 θ_1 移动到 θ_2. 证明这是 $r-\theta$ 空间中的直线，而不是 $x-y$ 空间中的直线.

练习 1.14　方程 $y=3x+2$ 描述了二维笛卡儿空间中的直线. 确定 $r-\theta$ 空间中该曲线的形状.

1.8 相空间

用质点的位置和动量来描述质点系统通常是很方便的. 通过给出所有质点在某一时刻的位置和动量的值来描述系统的“状态”. 例如，可以通过笛卡儿坐标 x_i（$i=1, 2, 3$）来表示质点的位置. 同样，质点的动量可以用 p_i（$i=1, 2, 3$）来表示. 想象一下画一个 $2n$ 维坐标系，其中坐标轴被标记为 x_1，…，x_n；p_1，…，p_n. 这组轴所描述的空间称为相空间. 所有质点的位置以及所有质点的动量都由相空间中的单个点表示. 随着时间的推移，每个质点的位置和动量都会发生变化. 这些变化是连续的，因此相空间中的点在 $2n$ 维坐标系中连续移动. 也就是说，系统随时间的发展可以用相空间中的轨迹来表示. 这条轨迹被称为“相位路径”，或者在某些情况下称为“世界线”㊀. 首先定义“广义动量”，然后用广义坐标（q_1，…，q_n）和广义动量（p_1，…，p_n）来描述相空间.

1.9 动力学

1.9.1 牛顿运动定律

动力学研究物质运动规律. 对动力学的第一次介绍几乎可以肯定是对牛顿运动定律的研究.

（1）牛顿第一定律（惯性定律）：不受外力作用的物体将以匀速直线运动.

（2）牛顿第二定律（运动方程）：物体动量的变化率等于施加在其上的净外力.

（3）牛顿第三定律（作用力等于反作用力）：如果一个物体对第二个物体施加力，则第二个物体对第一个物体施加大小相等、方向相反的力.

由牛顿第一定律可知自由质点将以恒定速度运动.

牛顿第二定律通常用向量关系表示，即

$$\boldsymbol{F}=\frac{\mathrm{d}\boldsymbol{p}}{\mathrm{d}t}. \tag{1.12}$$

如果质量不变，这个关系式就简化为众所周知的方程 $\boldsymbol{F}=m\boldsymbol{a}$.

牛顿第三定律可以用强形式或弱形式表达. 强形式表明力是大小相等、方向相反的，并沿着连接质点的线的方向. 牛顿第三定律的弱

㊀ 相空间的概念在研究混沌系统中非常重要，可以分析系统轨迹与相空间中特定平面（所谓的“截面表面”）的交叉点，以确定是否发生混沌运动. 同样在统计力学中，由刘维尔提出的一个基本定理指出，如果绘制出一组系统的相空间轨迹，那么在给定系统附近的相空间点的密度将在时间上保持不变.

形式只说明力是大小相等和方向相反的.

这些定律（尤其是牛顿第二定律）对于解决实际问题非常有用.

1.9.2 运动方程

牛顿第二定律通常用来确定物体在各种不平衡力作用下的加速度. 以位置和速度表示的加速度方程称为“运动方程”. （在入门物理课程中，加速度的确定涉及隔离系统，绘制自由体图以及应用牛顿第二定律，通常采用 $F=ma$ 的形式. ）由于力可以用位置，速度和时间来表示，牛顿第二定律给出了加速度的表达式，其形式如

$$\ddot{x}=\ddot{x}(x,\dot{x},t),$$

这就是运动方程. 质点的位置作为时间函数，可以将运动方程积分两次，得到

$$x=x(t).$$

这个过程称为*确定运动*.

牛顿运动定律简单直观，是大多数力学入门课程的基础. 偶尔提及它们是很方便的，但本书研究并非基于牛顿运动定律.

1.9.3 牛顿与莱布尼茨

众所周知，艾萨克·牛顿和戈特弗里德·莱布尼茨都独立发明了微积分. 但鲜为人知的是，他们对于粒子系统的时间发展有不同的概念. 牛顿第二定律给出了质点受力与其加速度之间的向量关系. （对于由 N 个质点组成的系统，有 N 个对应于 $3N$ 个标量二阶微分方程的向量关系. 这些方程通常是耦合的，因为所有 N 个质点的位置都可能存在于 $3N$ 个运动方程中. 为了确定运动，必须同时求解所有这些耦合方程. ）

另一方面，莱布尼茨认为，通过考虑质点的“活力”或（我们今天称之为）动能，可以更好地分析质点的运动.

从本质上讲，牛顿认为运动过程中的量 $\sum m_i \boldsymbol{v}_i$ 是守恒的，而莱布尼茨认为，对于相互作用的质点系统，$\sum m_i v_i^2$ 是常数. 在现代术语中，牛顿相信动量守恒，而莱布尼茨相信动能守恒. 很快人们就明白，在系

统运动过程中动能（T）是不守恒的，但当引入势能（V）的概念时，莱布尼茨的理论被扩展到总能量（$E=T+V$）是常数，这当然是动力学基本守恒定律之一. 因此可以说牛顿和莱布尼茨都是正确的.

在物理入门课程中，经常在牛顿运动定律和能量守恒之间切换. 例如，自由落体问题可以用 $F=ma$ 或应用能量守恒来解决.

后来，欧拉和拉格朗日详细阐述了莱布尼茨的思想，并表明系统的运动可以从单一的统一原理来预测，现在称之为哈密顿原理. 有趣的是，这种方法不涉及向量，甚至力，尽管力可以从中得出. 欧拉和拉格朗日的方法被称为“分析力学”，是研究的主要焦点.（由于大家对牛顿的方法很熟悉，在考虑物理问题的某些方面时，偶尔会用到它.）分析力学不需要牛顿运动定律，特别是牛顿第三定律. 一些物理学家认为牛顿引入牛顿第三定律是作为处理约束的一种方法.（某个弹跳球被“限制”在房间内. 根据牛顿的描述，球从墙壁上反弹是因为墙壁对其施加反作用力，如牛顿第三定律所示.）拉格朗日方法在分析框架中加入了约束条件，则牛顿第二定律和牛顿第三定律都不是必需的. 然而，约束力以及运动方程可以通过该方法来确定. 此外，分析力学中的所有方程都是标量方程，因此不需要使用矢量分析中的任何概念. 然而，有时使用向量是方便的，本书偶尔使用它们.

这本书涉及使用变分原理发展分析力学的概念和方法㊀. 相信读者会发现这是一个非常漂亮和非常强大的理论. 在一本关于此主题的著名著作㊁的导言中，作者在谈到自己时说，“他一次又一次地经历了一种非凡的精神兴奋，这种兴奋伴随着对分析力学基本原理和方法的专注.”（读者可能不会感到“兴奋”，但我想大家会理解此作者的表述.）

1.10 推导运动方程

在本节中，回顾推导和求解运动方程的方法. 大家可能会想到，求

㊀ 请注意，分析力学和变分法的领域是广阔的，本书仅限千介绍一些基本概念.

㊁ Cornelius Lanczos, The Variational Principles of Mechanics, The University of Toronto Press, 1970. Reprinted by Dover Press, New York, 1986.

解运动方程会得到运动，即位置作为时间的函数的表达式. 表达运动方程可以有几种不同的方法，对于质点的加速度的表达式用组成系统的所有其他质点的位置和速度表示.

如朗道和利夫希兹所指出的[㊀]，“如果所有的坐标和速度都是同时确定的，根据经验可知，系统的状态是完全确定的，其随后的运动原则上是可以计算的. 从数学上来说，这意味着，如果所有坐标 q 和速度 $\dot{q}$ 在某一时刻给出，则可以唯一确定该时刻的加速度 $\ddot{q}$.”

换句话说，运动方程可以表示为如下类型的关系：

$$\ddot{q}_i = \ddot{q}_i(q_1, q_2, \cdots, q_n; \dot{q}_1, \dot{q}_2, \cdots, \dot{q}_n; t).$$

如果知道质点的加速度（$\ddot{q}_i$），那么可以（原则上）在随后的时间确定位置和速度. 因此，运动方程的知识使我们能够预测系统随时间的发展.

1.10.1 牛顿力学中的运动方程

如果质量不变，获得运动方程的基本方法是使用牛顿第二定律的形式

$$\ddot{\boldsymbol{r}} = \frac{\boldsymbol{F}}{m}. \tag{1.13}$$

这是关于 $\boldsymbol{r}$ 的二阶微分方程，原则上可以解出 $\boldsymbol{r}=\boldsymbol{r}(t)$. 当然，这要求力可以表示为 $\boldsymbol{r}$，$\dot{\boldsymbol{r}}$ 和 t 的函数.

举一个简单的一维例子，考虑质量为 m 的物体连接到弹性常数为 k 的弹簧上. 弹簧对物体施加的力是 $F=-kx$.

因此，牛顿第二定律得出以下运动方程

$$m\ddot{x} + kx = 0. \tag{1.14}$$

需要注意的是，牛顿第二定律只适用于惯性坐标系. 牛顿意识到了这个问题，他说牛顿第二定律是在与固定的恒星有关的静止坐标系中的一种关系.

㊀ L. D. Landau and E. M. Lifshitz, Mechanics, Vol 1 of A Course of Theoretical Physics Pergamon Press, Oxford, 1976, p. 1.

1.10.2 拉格朗日力学中的运动方程

另一种获得运动方程的方法是使用拉格朗日方法.

当处理质点或可视为质点的刚体时，拉格朗日量可以定义为动能和势能之间的差[㊀]. 即

$$L = T - V. \tag{1.15}$$

例如，如果质量 m 与弹性常数为 k 的弹簧相连，势能为 $V = \frac{1}{2}kx^2$，动能为 $T = \frac{1}{2}mv^2 = \frac{1}{2}m\dot{x}^2$. 因此拉格朗日量是

$$L = T - V = \frac{1}{2}m\dot{x}^2 - \frac{1}{2}kx^2.$$

通常很容易用任意坐标系来表示势能，但是动能的表达式可能有点难确定，所以只要有可能，我们就应该使用笛卡儿坐标系. 在笛卡儿坐标系中，动能表现为速度平方和的特别简单形式，即

$$T = \frac{1}{2}m(\dot{x}^2 + \dot{y}^2 + \dot{z}^2).$$

用其他坐标系表示动能则需要一组变换方程.

例如，对于长度为 l 的摆锤，势能为 $V = -mgl\cos\theta$，动能为 $T = \frac{1}{2}mv^2 = \frac{1}{2}m\ (l\dot{\theta})^2$. （这里 θ 是弦与垂线之间的角度.）因此，拉格朗日量是

$$L = T - V = \frac{1}{2}ml^2\dot{\theta}^2 + mgl\cos\theta.$$

动能是速度的函数.（读者应熟悉 $T = \frac{1}{2}m\dot{x}^2$ 和 $T = \frac{1}{2}ml^2\dot{\theta}^2$ 等表达式.）速度是位置坐标（$\dot{x}$ 和 $l\dot{\theta}$）的时间导数. 势能通常只是位置的函数. 在广义坐标系中，位置表示为 q，速度表示为 $\dot{q}$. 因此，拉格朗日量是 q 和 $\dot{q}$ 的函数，即 $L = L(q,\dot{q})$，或者更一般地，$L = L(q,\dot{q},$

㊀ 虽然方程（1.15）对一个质点的系统来说是正确的，但是在考虑第7章中的连续系统时，我们将得到稍微不同的表达式. 一般来说，拉格朗日量被定义为生成运动方程的函数.

t). 如果是三维自由运动的单质点，有三个 q 和三个 $\dot{q}$. 那么 $L=L(q_1,q_2,q_3,\dot{q}_1,\dot{q}_2,\dot{q}_3,t)$. 对于由 N 个质点组成的系统，如果 $n=3N$，可写为

$$L=L(q_i,\dot{q}_i,t);i=1,\cdots,n.$$

假设读者在中级力学课程中学习过拉格朗日量和拉格朗日方程. 在接下来的两章中，读者将发现拉格朗日方程可以从第一原理推导出来. 然而现在不加证明地表述这个方程，并展示如何使用它得到运动方程.

对于单坐标 q，拉格朗日方程是

$$\frac{\mathrm{d}}{\mathrm{d}t}\frac{\partial L}{\partial \dot{q}}-\frac{\partial L}{\partial q}=0. \tag{1.16}$$

如果有 n 个坐标，就有 n 个拉格朗日方程，即

$$\frac{\mathrm{d}}{\mathrm{d}t}\frac{\partial L}{\partial \dot{q}_i}-\frac{\partial L}{\partial q_i}=0,i=1,\cdots,n. \tag{1.17}$$

认识到拉格朗日方程是系统的运动方程是重要的.

例如，对于弹簧上的质量，拉格朗日量为 $L=T-V=\frac{1}{2}m\dot{x}^2-\frac{1}{2}kx^2$. 把它代入拉格朗日方程得

$$\frac{\mathrm{d}}{\mathrm{d}t}\left(\frac{\partial L}{\partial \dot{x}}\right)-\frac{\partial L}{\partial x}=0,$$

$$\frac{\mathrm{d}}{\mathrm{d}t}\frac{\partial}{\partial \dot{x}}\left(\frac{1}{2}m\dot{x}^2-\frac{1}{2}kx^2\right)-\frac{\partial}{\partial x}\left(\frac{1}{2}m\dot{x}^2-\frac{1}{2}kx^2\right)=0,$$

$$\frac{\mathrm{d}}{\mathrm{d}t}(m\dot{x})+kx=0,$$

故，

$$m\ddot{x}+kx=0.$$

将此式与方程（1.14）比较.

为展示如何使用拉格朗日方程来获得运动方程，考虑几个简单的机械系统.

例 1.2 阿特伍德机，图 1.4 是阿特伍德机的示意图. 它由质量 m_1 和 m_2 组成，由无质量且不可拉伸的弦悬挂在无摩擦无质量的滑轮

上. 计算拉格朗日方程，并得到运动方程.

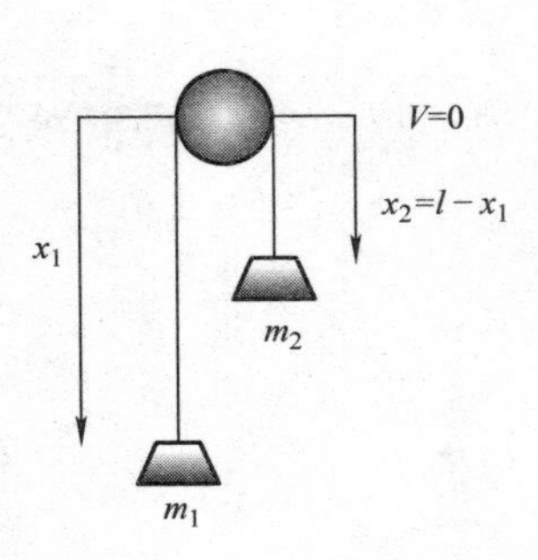

图 1.4 阿特伍德机

解 1.2 两个质量的动能为

$$T=\frac{1}{2}m_1\dot{x}_1^2+\frac{1}{2}m_2\dot{x}_2^2.$$

势能是

$$V=-m_1gx_1-m_2gx_2,$$

这里在滑轮中心取 $V=0$. 系统受到约束 $x_1+x_2=l=$常数. 拉格朗日量为

$$L=T-V=\frac{1}{2}m_1\dot{x}_1^2+\frac{1}{2}m_2\dot{x}_2^2+m_1gx_1+m_2gx_2.$$

但利用 $x_2=l-x_1$ 可以得到关于单一变量的拉格朗日量：

$$\begin{aligned}L&=\frac{1}{2}m_1\dot{x}_1^2+\frac{1}{2}m_2\dot{x}_1^2+m_1gx_1+m_2g(l-x_1)\\&=\frac{1}{2}(m_1+m_2)\dot{x}_1^2+(m_1-m_2)gx_1+m_2gl.\end{aligned}$$

运动方程为

$$\frac{\mathrm{d}}{\mathrm{d}t}\frac{\partial L}{\partial\dot{x}_1}-\frac{\partial L}{\partial x_1}=0,$$

$$\frac{\mathrm{d}}{\mathrm{d}t}(m_1+m_2)\dot{x}_1-(m_1-m_2)g=0,$$

$$\ddot{x}_1=\frac{m_1-m_2}{m_1+m_2}g.$$

例 1.3 半径为 a 和质量为 m 的圆柱在半径为 b 的固定圆柱上滚动，不滑动. 计算拉格朗日量，并得出在圆柱分离前的短时间内的运动方程（见图 1.5）.

解 1.3 较小圆柱体的动能是其质心平移的动能加上围绕质心旋转的动能. 即

$$T=\frac{1}{2}m(\dot{r}^2+r^2\dot{\theta}^2)+\frac{1}{2}I\dot{\phi}^2.$$

其中，r 是两圆柱中心之间的距离，$I=\frac{1}{2}ma^2$. 势能为 $V=mgr\cos\theta$. 因此

$$L=\frac{1}{2}m(\dot{r}^2+r^2\dot{\theta}^2)+\frac{1}{2}I\dot{\phi}^2-mgr\cos\theta.$$

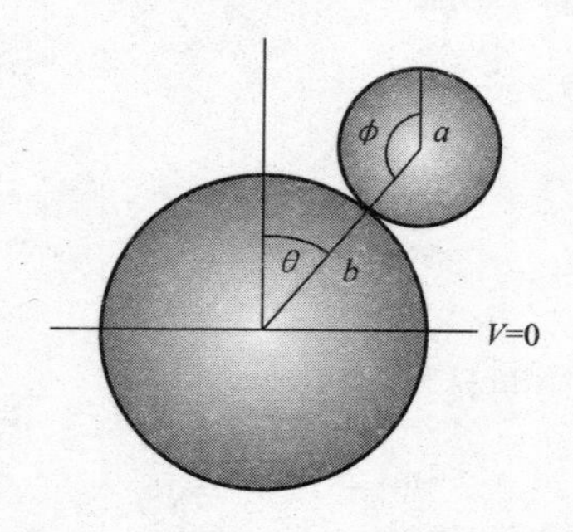

图 1.5　一个圆柱绕另一个圆柱转动

但是存在两个约束，即 $r=a+b$ 和 $a\phi=b\theta$. 因此，$\dot{r}=0$ 及 $\dot{\phi}=(b/a)\dot{\theta}$. 故

$$\begin{aligned}L&=\frac{1}{2}m(a+b)^2\dot{\theta}^2+\frac{1}{2}\left(\frac{1}{2}ma^2\right)\left(\frac{b}{a}\dot{\theta}\right)^2-mg(a+b)\cos\theta\\&=\frac{1}{2}m\left(a^2+2ab+\frac{3}{2}b^2\right)\dot{\theta}^2-mg(a+b)\cos\theta,\end{aligned}$$

且运动方程为

$$\frac{\mathrm{d}}{\mathrm{d}t}\frac{\partial L}{\partial\dot{q}}-\frac{\partial L}{\partial q}=0$$

或

$$m\left(a^2+2ab+\frac{3}{2}b^2\right)\ddot{\theta}-mg(a+b)\sin\theta=0.$$

例 1.4　质量为 m 的圆珠在半径为 a 的有质量元摩擦的环上滑动. 环围绕垂直轴以恒定角速度 ω 旋转（见图 1.6）. 确定拉格朗日方程和运动方程.

解 1.4　如果环足够大，则圆珠的运动不会影响环的旋转速度. 因此可以忽略环的能量. 动能一方面是由于环的旋转而产生的圆珠的能量，另一方面是由于圆珠在环上的运动而产生的动能，这与角度 θ 的变化有关. 因此，

$$L=\frac{1}{2}ma^2\dot{\theta}^2+\frac{1}{2}ma^2\omega^2\sin^2\theta+mga\cos\theta.$$

运动方程为

$$ma^2\ddot{\theta}-ma^2\omega^2\sin\theta\cos\theta+mga\sin\theta=0.$$

例 1.5 球面摆由质量为 m 的摆锤组成，该质量为 m 的摆锤悬挂在长度为 l 的不可拉伸的弦上. 求拉格朗日量和运动方程（见图 1.7）. 注意，极角 θ 是从正 z 轴测量的，而方位角 ϕ，是从 $x-y$ 平面的 x 轴测量的.

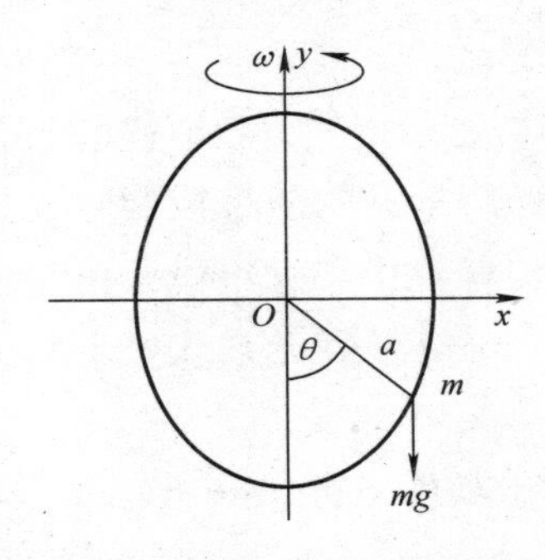

图 1.6 圆珠在旋转环上滑动

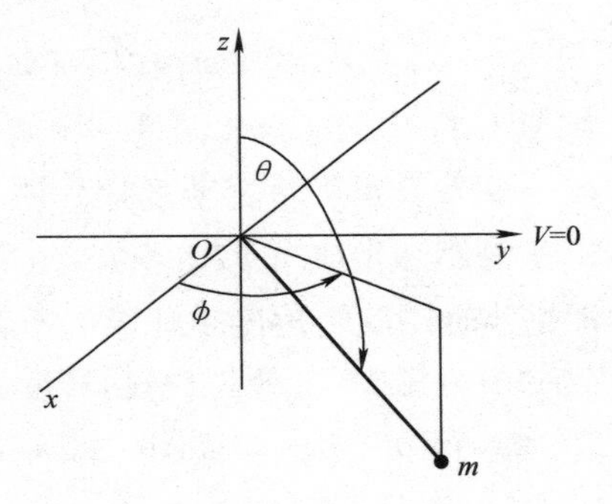

图 1.7 球面摆

解 1.5 拉格朗日量是

$$L=\frac{1}{2}m(\dot{x}^2+\dot{y}^2+\dot{z}^2)-mgz,$$

而

$$x=l\sin\theta\cos\phi,$$
$$y=l\sin\theta\sin\phi,$$
$$z=l\cos\theta,$$

故

$$L=\frac{1}{2}ml^2(\dot{\theta}^2+\sin^2\theta\,\dot{\phi}^2)-mgl\cos\theta.$$

运动方程为

$$\frac{\mathrm{d}}{\mathrm{d}t}(ml^2\dot{\theta})-ml^2\dot{\phi}^2\sin\theta\cos\theta-mgl\sin\theta=0,$$

$$\frac{\mathrm{d}}{\mathrm{d}t}(ml^2\sin^2\theta\,\dot{\phi})=0.$$

练习 1.15 如果皮带轮有转动惯量 I，求阿特伍德机器的拉格朗日量和运动方程. 答：$a=g(m_2-m_1)/(m_{+}m_2+I/R^2)$.

练习 1.16 求单摆和双摆的拉格朗日量.（双摆如图 1.8 所示. 假设是平面运动.）答：对于双摆

$$L=\frac{1}{2}(m_1+m_2)l_1^2\dot{\theta}_1^2+\frac{1}{2}m_2(l_2^2\dot{\theta}_2^2+2l_1l_2\dot{\theta}_1\dot{\theta}_2\cos(\theta_1-\theta_2))+$$
$$m_1gl_1\cos\theta_1+m_2g(l_1\cos\theta_1+l_2\cos\theta_2).$$

练习 1.17 飞球调节器是一种简单的机械装置，用于控制电机的速度. 随着设备旋转越来越快，质量 m_2 上升. 上升的质量控制着发动机的燃油供应. 见图 1.9. 角度 θ 由一根杆和中心轴组成，角度 ϕ 是绕轴的旋转角度. 任意时刻的角速度 $\omega=\dot{\phi}$. 假设系统处于均匀的引力场中. 证明拉格朗日量为

$$L=m_1a^2(\dot{\theta}^2+\omega^2\sin^2\theta)+2m_2a^2\dot{\theta}^2\sin^2\theta+2(m_1+m_2)ga\cos\theta.$$

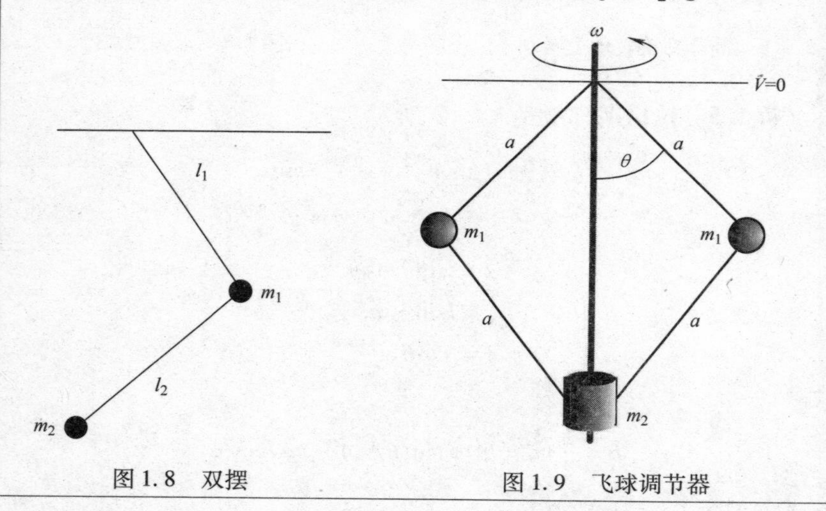

图 1.8 双摆　　图 1.9 飞球调节器

1.11 守恒定律与对称原理

经典力学中三个最重要的守恒定律是线动量守恒、角动量守恒和

能量守恒. 虽然读者很熟悉这些定律，但是用广义坐标和拉格朗日量来考虑它们是很有趣的. 本节将证明这三个基本守恒定律是空间同质性和各向同性以及时间同质性的结果.

空间区域是均匀的意思是它在一个位置和在另一个位置是相同的. 因此，系统不会受到从一点到另一点的位移的影响. 举一个简单的例子，我声称我的老式钟表在房间的一边和在另一边的表现是一样的（但在月球上它会表现得不同）.

同样，如果空间是各向同性的，那么它在各个方向上看起来都是一样的，并且在旋转的情况下物理系统是不变的. 我的老式钟表在绕垂直轴旋转 90° 后也表现出同样的性能. 但是，对于绕水平轴旋转，我房间内的空间不是各向同性的. （当把我的老式钟表倒过来时，它就不工作了.）

最后，如果时间是均匀的，一个物理系统在两个不同的时间会表现得相同. 我的钟今天的表现和上周一样. 时间也是各向同性的，在这个意义上，物理系统的行为相同，无论时间是向前或向后运行.

系统有某个特殊的对称性时的意思是这个系统对于某个特定坐标的变化是不变的. 例如，球体是一个无论如何旋转都显示相同的对象. 球面对称意味着关于旋转（即关于物体角方向的变化）的不变性. 同样，如果系统在某一特定方向上发生位移时不变，就说它在该方向上具有平移对称性. 当系统对时间变化保持不变时，就说它具有时间对称性.

举平移对称的例子考虑在均匀的垂直引力场中，位于无限的水平面上的一个物体. 如果物体在水平面上移动，系统将保持不变. 然而，如果物体垂直移动（如果举起它），势能就会改变. 因此，该系统在水平面上具有平移对称性，但在垂直位移上不具有平移对称性. 在没有力作用的区域，空间在三个方向上都是均匀的.

机械系统可以用其拉格朗日量来完全刻画. 如果该拉格朗日量不明确地依赖于某个特定的坐标 q_i，那么 q_i 的变化不会影响系统，则称系统关于 q_i 的变化是对称的。

1.11.1 广义动量和循环坐标

1. 广义动量

一个自由质点用拉格朗日量

$$L=\frac{1}{2}m(\dot{x}^2+\dot{y}^2+\dot{z}^2)$$

描述. 对 $\dot{x}$ 取偏导数，得

$$\frac{\partial L}{\partial \dot{x}}=m\dot{x},$$

但 $m\dot{x}$恰好是线性动量的 x 分量，即

$$p_x=\frac{\partial L}{\partial \dot{x}}. \tag{1.18}$$

类似地，有

$$p_y=\frac{\partial L}{\partial \dot{y}},\ p_z=\frac{\partial L}{\partial \dot{z}}.$$

转动惯量为 I 的自由轮的拉格朗日量是

$$L=\frac{1}{2}I\dot{\theta}^2$$

且

$$\frac{\partial L}{\partial \dot{\theta}}=I\dot{\theta}.$$

但是 $I\dot{\theta}$是角动量.

在这两个例子中，动量是拉格朗日量对速度的导数. 把这一思想带到它的逻辑结论中，并定义广义动量为

$$p_i=\frac{\partial L}{\partial \dot{q}_i}.$$

广义动量 p_i 与广义坐标 q_i 有关，有时被称为共轭动量. 因此，线动量 p_x 与线坐标 x 共轭，而角动量 $I\dot{\theta}$与角坐标 θ 共轭.

循环坐标

如果某个特定坐标不出现在拉格朗日量中，则称它为“循环的”或“可忽略的”. 例如，引力场中质量点的拉格朗日量是

$$L=\frac{1}{2}m(\dot{x}^2+\dot{y}^2+\dot{z}^2)-mgz.$$

因为 x 和 y 都不出现在拉格朗日量中，所以它们是循环的.（但是请注意，坐标的时间导数 $\dot{x}$ 和 $\dot{y}$，确实出现在拉格朗日量中，因此对 x 和 y 存在隐式依赖.）

根据拉格朗日方程可得

$$\frac{\mathrm{d}}{\mathrm{d}t}\frac{\partial L}{\partial \dot{q}_i}-\frac{\partial L}{\partial q_i}=0.$$

但如果 q_i 是循环的，则第二项为零，故

$$\frac{\mathrm{d}}{\mathrm{d}t}\frac{\partial L}{\partial \dot{q}_i}=0.$$

由于

$$p_i=\frac{\partial L}{\partial \dot{q}_i},$$

有

$$\frac{\mathrm{d}p_i}{\mathrm{d}t}=0$$

或

$$p_i=\text{常数}.$$

也就是说，循环坐标的广义动量共轭是常数.

练习 1.18 确定球面摆的任意守恒矩.

练习 1.19 写下绕太阳运行的行星的拉格朗日量. 找出循环坐标，并求守恒共轭动量. 答：$L=(1/2)(m\dot{r}^2+mr^2\dot{\theta}^2)+GmM/r$.

练习 1.20 证明若动能仅取决于速度而不是坐标，则广义力由 $Q_i=\frac{\partial L}{\partial q_i}$ 给出.

2. 对称性与守恒量的关系

前面已经说明了可忽略（循环）坐标的广义动量共轭是守恒的. 如果坐标 q_i 是循环的，那么它不会出现在拉格朗日量中，系统也不依赖于 q_i 的值. 改变 q_i 的值对系统没有影响，改变 q_i 后和以前一样.

如果 $q_i=\theta$，那么对 θ 的旋转不会改变任何东西，但这本质上就是对称的定义．因此，如果坐标是循环的，系统在该坐标的变化下是对称的．此外，坐标中的每个对称都会产生一个守恒的共轭动量．例如，对于水平面上的物体，线性动量的水平分量是恒定的．如果 x 轴和 y 轴在水平面上，那么 x 或 y 方向上都没有力．如果在 x 方向有一个力，那么势能就取决于 x，因此拉格朗日量包含 x，它不是可忽略的坐标．

守恒量与对称性有关的观点在基本质点的研究中得到了很好的利用．例如，质点物理学家经常利用宇称守恒定律和“奇异性”守恒定律，这些守恒定律与基本质点行为中观察到的对称性有关．宇称守恒是涉及基本质点的反应中左右手对称性的一种表示．（你可能知道，有些反应的宇称不守恒．）

举基本质点物理领域的例子，可以观察到一些反应从未发生过．没有明显的原因解释为什么像 $\pi^- + p \rightarrow \pi^0 + \Lambda$ 这样的反应不会发生．它一定违反了一些守恒定律．然而，它并没有违反任何日常的守恒定律，如电荷，质量能，宇称等，但是由于反应没有发生，利用“不禁止的东西是必需的”的原则，物理学家得出结论，一定有某个守恒原理在起作用．他们称之为奇异性守恒．研究确实发生的反应使它们能够给每个粒子分配一个“奇异性量子数”．例如，π 介子的奇异性为 0，质子的奇异性也为 0，Λ 粒子的奇异性为 -1．反应右侧的总奇异性不等于反应左侧的总奇异性．因此，在这个反应中，奇异性是不守恒的，反应也不会发生．这并不比要求在碰撞过程中保持线动量更奇怪．然而，我们对动量守恒很放心，因为动量有解析表达式并且动量守恒意味着没有合外力作用于系统．我们没有关于奇异性的解析表达式，也不知道奇异性守恒所隐含的对称性是什么．我们不知道相关的循环坐标可能是什么．然而，基本的想法是一致的．

总之，可以说，对于每个对称性，都存在一个对应的运动常数．这本质上就是诺特定理[㊀]。

㊀ 埃米·诺特（1882－1932），一位数学家和物理学家，证明了以她的名字命名的定理．

> **练习 1.21**　找出球面摆的可忽略坐标，并确定相关的对称性.

1.11.2　线动量守恒

在本节中，将研究线动量守恒定律的理论基础. 然而，在开始之前，首先注意到有几种不同的方法可以得出这个守恒定律.

例如，在物理导论课程中通过考虑牛顿第二定律的形式学习了下面形式的线性动量守恒定律：

$$\boldsymbol{F}=\frac{\mathrm{d}\boldsymbol{P}}{\mathrm{d}t}.$$

如果没有作用在系统上的合外力，$\boldsymbol{F}=0$，因此总动量 $\boldsymbol{P}$ 的时间导数为零，即系统的总线动量为常数.

在中级力学课程中，读者可能从更复杂的角度考虑了线动量守恒. 也许考虑了这样一种情况：势能不依赖于某个特定的坐标，比如 x，动能也不包含 x. 当写出拉格朗日函数时，$L=T-V$，你得到了不包含 x 的表达式，因此 x 是循环坐标. 即

$$\frac{\partial L}{\partial x}=0.$$

关于 x 的拉格朗日方程

$$\frac{\mathrm{d}}{\mathrm{d}t}\frac{\partial L}{\partial \dot{x}}-\frac{\partial L}{\partial x}=0.$$

可以简化为

$$\frac{\mathrm{d}}{\mathrm{d}t}\frac{\partial L}{\partial \dot{x}}=0.$$

但$\frac{\partial L}{\partial \dot{x}}=p_x$，故

$$\frac{\mathrm{d}p_x}{\mathrm{d}t}=0.$$

若拉格朗日量不依赖于 x，则 p_x 为常数.

现在证明，线动量守恒是空间同质性的结果，即在性质处处相同的空间区域，机械系统的总线动量将是恒定的. 正如前文所示，我们

的论点不仅会保证线动量守恒，而且能推出牛顿第二定律和牛顿第三定律.

考虑一个由位于 $\boldsymbol{r}_\alpha$（$\alpha=1$，…，N）的 N 个质点组成的系统，（为了多样性，这里的论点都是用向量表示的.）如果每个质点都被相同的极小距离 $\boldsymbol{\varepsilon}$ 所取代，那么所有质点的位置将根据 $\boldsymbol{r}_\alpha \to \boldsymbol{r}_\alpha+\boldsymbol{\varepsilon}$ 而改变. 假设 $\boldsymbol{\varepsilon}$ 是虚位移，其中所有质点都被无限小地移动，但速度不变，时间可以忽略不计. 回想一下，如果 $f=f(q_i,\dot{q}_i,t)$，那么根据微分规则，f 的微分是

$$\mathrm{d}f=\sum_{i=1}^{n}\frac{\partial f}{\partial q_i}\mathrm{d}q_i+\sum_{i=1}^{n}\frac{\partial f}{\partial \dot{q}_i}\mathrm{d}\dot{q}_i+\frac{\partial f}{\partial t}\mathrm{d}t.$$

但关于无限小虚位移的 f 的变化量为

$$\begin{aligned}\delta f&=\frac{\partial f}{\partial q_1}\delta q_1+\frac{\partial f}{\partial q_2}\delta q_2+\cdots\\&=\sum_{\alpha=1}^{N}\frac{\partial f}{\partial \boldsymbol{r}_\alpha}\cdot\delta\boldsymbol{r}_\alpha,\end{aligned}$$

这里利用了这样的事实，当时间可以忽略不计时，整个系统的位移对速度没有影响.㊀

因此，由于虚位移 $\boldsymbol{\varepsilon}$ 引起的拉格朗日量的变化是

$$\delta L=\sum_\alpha\frac{\partial L}{\partial \boldsymbol{r}_\alpha}\cdot\delta\boldsymbol{r}_\alpha=\sum_\alpha\frac{\partial L}{\partial \boldsymbol{r}_\alpha}\cdot\boldsymbol{\varepsilon}=\boldsymbol{\varepsilon}\cdot\sum_\alpha\frac{\partial L}{\partial \boldsymbol{r}_\alpha},$$

这里利用了 $\delta\boldsymbol{r}_\alpha=\boldsymbol{\varepsilon}$，即所有粒子的位移量相同. 注意这里是对所有的粒子（$\alpha=1$，…，N）求和，而不是对所有变量（$i=1$，…，$3N$）求和。

如果空间是均匀的，那么拉格朗日量不变，$\delta L=0$. 因此，

㊀ 我们使用的是朗道和利夫希兹的表示法，其中涉及相对于向量的标量导数. 例如，如果只有一个质点（$\alpha=1$），我们定义

$$\frac{\partial F}{\partial \boldsymbol{r}}\equiv\hat{\boldsymbol{i}}\frac{\partial F}{\partial x}+\hat{\boldsymbol{j}}\frac{\partial F}{\partial y}+\hat{\boldsymbol{k}}\frac{\partial F}{\partial z}.$$

因此，标量对矢量的导数的定义为由标量对每个分量的导数作为相应分量的矢量. 注意

$$\frac{\partial F}{\partial \boldsymbol{r}}=\nabla F.$$

$$\sum_{\alpha} \frac{\partial L}{\partial \boldsymbol{r}_{\alpha}} = 0.$$

但根据拉格朗日方程，

$$\frac{\partial L}{\partial \boldsymbol{r}_{\alpha}} = \frac{\mathrm{d}}{\mathrm{d}t} \frac{\partial L}{\partial \boldsymbol{v}_{\alpha}}.$$

故

$$\frac{\mathrm{d}}{\mathrm{d}t} \sum_{\alpha} \frac{\partial L}{\partial \boldsymbol{v}_{\alpha}} = \frac{\mathrm{d}}{\mathrm{d}t} \sum_{\alpha} \boldsymbol{p}_{\alpha} = \frac{\mathrm{d}}{\mathrm{d}t} \boldsymbol{P}_{tot} = 0.$$

这意味着：

$$\boldsymbol{P}_{tot} = \text{常数}.$$

我们没有使用任何特定的坐标系，因为我们一直在用向量来表示这个问题. 动能的矢量定义是 $T = (1/2) m \boldsymbol{v} \cdot \boldsymbol{v}$，只要用矢量表示关系，动能就只取决于速度的平方，而不是坐标[⊖]，可以写为

$$\frac{\partial L}{\partial \boldsymbol{r}_{\alpha}} = -\frac{\partial V}{\partial \boldsymbol{r}_{\alpha}} = \boldsymbol{F}_{\alpha}.$$

但若

$$\sum_{\alpha} \frac{\partial L}{\partial \boldsymbol{r}_{\alpha}} = 0,$$

则

$$\sum_{\alpha} \boldsymbol{F}_{\alpha} = 0.$$

也就是说，作用于系统中所有质点的力之和为零. 如果系统只有两个质点，得到 $\boldsymbol{F}_1 + \boldsymbol{F}_2 = 0$，即牛顿第三定律. 此外，

$$\frac{\partial L}{\partial \boldsymbol{r}_{\alpha}} = \frac{\mathrm{d}}{\mathrm{d}t} \frac{\partial L}{\partial \boldsymbol{v}_{\alpha}} = \frac{\mathrm{d}}{\mathrm{d}t} \boldsymbol{p}_{\alpha} = \boldsymbol{F}_{\alpha},$$

则也得到了牛顿第二定律.

1.11.3 角动量守恒

下一个任务是证明角动量守恒是空间各向同性的结果. 但在解决

⊖ 在笛卡儿坐标系中也是对的，其中 $T = (1/2) m(\dot{x}^2 + \dot{y}^2 + \dot{z}^2)$. 但在大多数其他坐标系中，动能将取决于坐标和速度. 例如，在球面坐标中

$$T = (1/2) m(\dot{r}^2 + r^2 \dot{\theta}^2 + r^2 \sin^2\theta \, \dot{\phi}^2).$$

这个问题前，先从初级角度考虑守恒定律，然后从中级角度考虑守恒定律，

角动量守恒定律的初级水平通常从质点角动量的定义开始：

$$\boldsymbol{l}=\boldsymbol{r}\times\boldsymbol{p}.$$

其中 $\boldsymbol{r}$ 是质点的位置，$\boldsymbol{p}=m\boldsymbol{v}$是它的线动量. 对时间求导得

$$\frac{\mathrm{d}\boldsymbol{l}}{\mathrm{d}t}=\frac{\mathrm{d}}{\mathrm{d}t}(\boldsymbol{r}\times\boldsymbol{p})=\frac{\mathrm{d}\boldsymbol{r}}{\mathrm{d}t}\times\boldsymbol{p}+\boldsymbol{r}\times\frac{\mathrm{d}\boldsymbol{p}}{\mathrm{d}t}.$$

由于$\frac{\mathrm{d}\boldsymbol{r}}{\mathrm{d}t}=\boldsymbol{v}$，第一项为 $m(\boldsymbol{v}\times\boldsymbol{v})=0$. 第二项包含$\frac{\mathrm{d}\boldsymbol{p}}{\mathrm{d}t}$，由牛顿第二定律，这是作用在质点上的合力. 因此，第二项是$\boldsymbol{r}\times\boldsymbol{F}=\boldsymbol{N}=$扭矩. 即

$$\frac{\mathrm{d}\boldsymbol{l}}{\mathrm{d}t}=\boldsymbol{N}.$$

然后可以证明该定律适用于一个质点系统（这需要引用牛顿第三定律），并且可以得出这样的结论：如果没有作用于质点系统上的外部合扭矩，则质点系统的角动量是恒定的.

常见的例子是质点在中心力场（如受太阳影响的行星）中角动量的恒定性. 由于中心力的形式为$\boldsymbol{F}=f(r)\hat{\boldsymbol{r}}$，作用于质点的扭矩为

$$\boldsymbol{N}=\boldsymbol{r}\times\boldsymbol{F}=rf(r)(\hat{\boldsymbol{r}}\times\hat{\boldsymbol{r}})=0,$$

则猜想被证明.

关于角动量守恒的中级讨论可以从考虑质点在势能为 $V=V(r)$的空间区域的平面上的运动开始.（例如，$V=-GMm/r$.）从笛卡儿坐标到极坐标的变换方程为

$$x=r\cos\theta,$$

$$y=r\sin\theta.$$

因此，

$$\dot{x}=\dot{r}\cos\theta-r\dot{\theta}\sin\theta,$$

$$\dot{y}=\dot{r}\sin\theta+r\dot{\theta}\cos\theta,$$

及

$$T=\frac{1}{2}m(\dot{x}^2+\dot{y}^2)=\frac{1}{2}m(\dot{r}^2+r^2\dot{\theta}^2).$$

故

$$L = T - V = \frac{1}{2}m(\dot{r}^2 + r^2\dot{\theta}^2) - V(r).$$

θ 的动量共轭是

$$p_\theta = \frac{\partial L}{\partial \dot{\theta}} = \frac{\partial}{\partial \dot{\theta}}\left[\frac{1}{2}m(\dot{r}^2 + r^2\dot{\theta}^2) - V(r)\right] = mr^2\dot{\theta},$$

将其看作质点的角动量. 注意到 θ 是可忽略的，所以角动量 $mr^2\dot{\theta}$ 是常数.

现在以更高级的方式解决这个问题，并证明角动量守恒是空间各向同性的结果. 考虑机械系统绕着某个轴通过一个虚拟角度 $\delta\phi$ 旋转. 设 $\delta\boldsymbol{\phi}$ 为沿旋转轴方向的矢量，其大小为 $\delta\phi$. 将坐标原点放在旋转轴上. 由于旋转的作用，系统中的每个质点都会移动 $\delta\boldsymbol{r}_\alpha$ 的距离，并且如果质点有速度$\boldsymbol{v}_\alpha$，速度矢量的方向将改变 $\delta\boldsymbol{v}_\alpha$. 图 1. 10 显示了旋转对位置向量 $\boldsymbol{r}_\alpha$ 的影响.

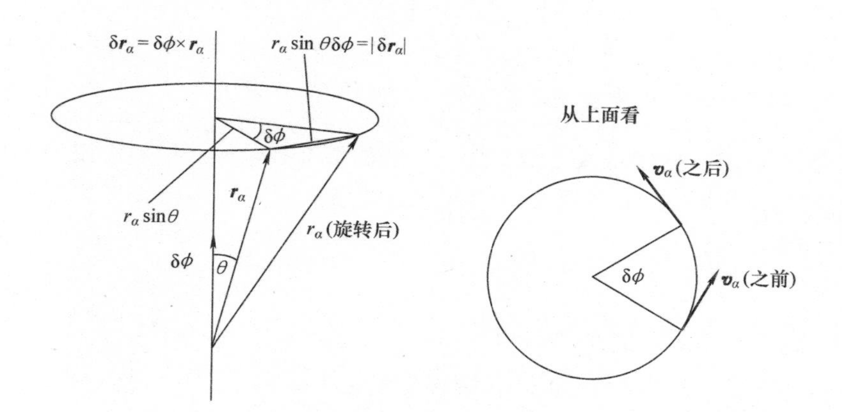

图 1. 10 系统的旋转是通过 $\delta\boldsymbol{r}_\alpha$ 改变每个质点的位置，通过 $\delta\boldsymbol{v}_\alpha$ 改变每个质点的速度

如果空间是各向同性的，旋转对拉格朗日量没有影响，所以 $\delta L = 0$. 也就是说，

$$0 = \delta L = \sum_\alpha \left(\frac{\partial L}{\partial \boldsymbol{r}_\alpha} \cdot \delta\boldsymbol{r}_\alpha + \frac{\partial L}{\partial \boldsymbol{v}_\alpha} \cdot \delta\boldsymbol{v}_\alpha\right).$$

（注意，在这种情况下，质点的速度不是恒定的.）再次利用拉格朗日方程将$\frac{\partial L}{\partial \boldsymbol{r}_\alpha}$用$\frac{\mathrm{d}}{\mathrm{d}t}\frac{\partial L}{\partial \boldsymbol{v}_\alpha}=\frac{\mathrm{d}}{\mathrm{d}t}\boldsymbol{p}_\alpha=\dot{\boldsymbol{p}}_\alpha$代替，并写成

$$\sum_\alpha(\dot{\boldsymbol{p}}_\alpha\cdot\delta\boldsymbol{r}_\alpha+\boldsymbol{p}_\alpha\cdot\delta\boldsymbol{v}_\alpha)=0.$$

由图 1.10 知，$|\delta\boldsymbol{r}|=r\sin\theta\delta\phi$. 但由于 $\delta\boldsymbol{r}$ 与 $\boldsymbol{r}$ 和 $\delta\boldsymbol{\phi}$ 都垂直，可以写为 $\delta\boldsymbol{r}=\delta\boldsymbol{\phi}\times\boldsymbol{r}$. 同样，$\delta\boldsymbol{v}=\delta\boldsymbol{\phi}\times\boldsymbol{v}$. 因此，

$$\sum_\alpha(\dot{\boldsymbol{p}}_\alpha\cdot\delta\boldsymbol{\phi}\times\boldsymbol{r}_\alpha+\boldsymbol{p}_\alpha\cdot\delta\boldsymbol{\phi}\times\boldsymbol{v}_\alpha)=0.$$

将点乘和叉乘交换次序可得

$$\sum_\alpha\delta\boldsymbol{\phi}\cdot(\boldsymbol{r}_\alpha\times\dot{\boldsymbol{p}}_\alpha+\dot{\boldsymbol{r}}_\alpha\times\boldsymbol{p}_\alpha)=\delta\boldsymbol{\phi}\cdot\sum_\alpha\frac{\mathrm{d}}{\mathrm{d}t}(\boldsymbol{r}_\alpha\times\boldsymbol{p}_\alpha)=0.$$

因此，由于 $\delta\boldsymbol{\phi}\neq0$，

$$\sum_\alpha\frac{\mathrm{d}}{\mathrm{d}t}(\boldsymbol{r}_\alpha\times\boldsymbol{p}_\alpha)=\frac{\mathrm{d}}{\mathrm{d}t}\sum_\alpha\boldsymbol{r}_\alpha\times\boldsymbol{p}_\alpha=\frac{\mathrm{d}\boldsymbol{L}}{\mathrm{d}t}=0,$$

上式中，$\boldsymbol{L}$ 是总角动量. 也就是说，空间的各向同性导致角动量守恒.（小心不要混淆总角动量矢量 $\boldsymbol{L}$ 和拉格朗日量 L.）

> **练习 1.22** 使用基本力学方法，证明如果没有合外部扭矩作用于系统，质点系统的角动量是恒定的. 请注意，此处必须以强形式引用牛顿第三定律.

1.11.4 能量守恒与功函数

考虑单个质点的动能. 在物理学导论中，学习了功－能定理，即外力作用于质点的净功等于质点的动能的增加量. 根据定义，功是

$$W=\int\boldsymbol{F}\cdot\mathrm{d}\boldsymbol{s}.$$

因此，当质点从点 1 移动到点 2 时，受力 $\boldsymbol{F}$ 作用的动能增加量是

$$T_2-T_1=\int_1^2\boldsymbol{F}\cdot\mathrm{d}\boldsymbol{s}.$$

如果力是保守的，则 $\boldsymbol{F}\cdot\mathrm{d}\boldsymbol{s}$ 是用 U 表示的标量微分，称为“功函数”. 功函数的概念在现代术语中已被势能（V）所取代，其定义为

功函数的相反数：

$$V = -U.$$

这意味着，如果力是保守的，它可以用标量函数的梯度来表示，因此

$$\boldsymbol{F} = -\nabla V.$$

那么由功能原理得出

$$T_2 - T_1 = \int_1^2 -\nabla V \cdot \mathrm{d}\boldsymbol{s}.$$

但$\nabla V \cdot \mathrm{d}\boldsymbol{s} = \mathrm{d}V$，所以

$$T_2 - T_1 = -(V_2 - V_1),$$

或

$$T_2 + V_2 = T_1 + V_1.$$

此方程表示机械能的守恒，它表明在保守力作用下，当系统从一个位形到另一个位形时，有一个量保持不变. 当然，这个量是总机械能$E = T + V$.

力是保守的条件是它等于标量函数的负梯度. 这相当于要求力的旋度为零，即$\nabla \times \boldsymbol{F} = 0$.

前面关于能量守恒的讨论是相当基本的. 现在从一个高级的角度来考虑能量，并证明能量守恒是由于时间的同质性.

一般来说，拉格朗日量$L = L(q, \dot{q}, t)$对时间的导数是

$$\frac{\mathrm{d}L}{\mathrm{d}t} = \sum_i \frac{\partial L}{\partial q_i}\frac{\mathrm{d}q_i}{\mathrm{d}t} + \sum_i \frac{\partial L}{\partial \dot{q}_i}\frac{\mathrm{d}\dot{q}_i}{\mathrm{d}t} + \frac{\partial L}{\partial t}.$$

由拉格朗日方程，$\frac{\partial L}{\partial q_i} = \frac{\mathrm{d}}{\mathrm{d}t}\frac{\partial L}{\partial \dot{q}_i}$，所以，

$$\frac{\mathrm{d}L}{\mathrm{d}t} = \sum_i \left[\dot{q}_i \frac{\mathrm{d}}{\mathrm{d}t}\left(\frac{\partial L}{\partial \dot{q}_i}\right) + \frac{\partial L}{\partial \dot{q}_i}\frac{\mathrm{d}\dot{q}_i}{\mathrm{d}t}\right] + \frac{\partial L}{\partial t}.$$

但注意到

$$\frac{\mathrm{d}}{\mathrm{d}t}\sum_i \dot{q}_i \frac{\partial L}{\partial \dot{q}_i} = \sum_i \frac{\mathrm{d}}{\mathrm{d}t}\left(\dot{q}_i \frac{\partial L}{\partial \dot{q}_i}\right) = \sum_i \left[\dot{q}_i \frac{\mathrm{d}}{\mathrm{d}t}\left(\frac{\partial L}{\partial \dot{q}_i}\right) + \frac{\mathrm{d}\dot{q}_i}{\mathrm{d}t}\frac{\partial L}{\partial \dot{q}_i}\right],$$

故前面的方程中的和可以用$\frac{\mathrm{d}}{\mathrm{d}t}\sum_i \dot{q}_i \frac{\partial L}{\partial \dot{q}_i}$来代替，且

$$\frac{\mathrm{d}L}{\mathrm{d}t} = \frac{\mathrm{d}}{\mathrm{d}t}\sum_i \dot{q}_i \frac{\partial L}{\partial \dot{q}_i} + \frac{\partial L}{\partial t},$$

或

$$\frac{\partial L}{\partial t} = \frac{\mathrm{d}}{\mathrm{d}t}\left(L - \sum_i \dot{q}_i \frac{\partial L}{\partial \dot{q}_i}\right).$$

现在引入一个新的量，叫作能量函数 h，定义为

$$h = h(q,\dot{q},t) = \sum_i \dot{q}_i \frac{\partial L}{\partial \dot{q}_i} - L,$$

以使

$$\frac{\partial L}{\partial t} = -\frac{\mathrm{d}h}{\mathrm{d}t}.$$

注意，h 取决于广义位置和广义速度.

假设时间同质性，这样时间就不会显式地出现在拉格朗日量中. 则$\frac{\partial L}{\partial t}=0$，因此

$$\frac{\mathrm{d}}{\mathrm{d}t}\left(L - \sum_i \dot{q}_i \frac{\partial L}{\partial \dot{q}_i}\right) = -\frac{\mathrm{d}h}{\mathrm{d}t} = 0.$$

也就是说，能量函数是常数. 但这是否意味着能量（$E=T+V$）是常数？为了回答这个问题，我们注意到动能具有一般形式

$$T = T_0 + T_1 + T_2,$$

这里 T_0 不依赖于速度，T_1 是速度的一阶齐次函数，T_2 是速度的二阶的齐次函数㊀. （在笛卡儿坐标系中，T_0 和 T_1 都为零，T_2 不仅是速度的二阶的齐次函数，而且实际上是速度的平方函数，即包含 $\dot{x}^2$ 但不包含 $\dot{x}\dot{y}$. ）

回想一下，如果

$$f(\alpha x_1, \alpha x_2, \cdots, \alpha x_n) = \alpha^k f(x_1, \cdots, x_n),$$

㊀ 这可以从对笛卡儿坐标系中的动能定义开始利用变换方程 $x_i = x_i(q_1, q_2, \cdots, q_n, t)$ 以及 $\dot{x}_i = \sum_j \frac{\partial x_i}{\partial q_j}\dot{q}_j + \frac{\partial x_i}{\partial t}$ 来证明. 参见本章末尾的习题 1.7.

则称$f(x_1,\cdots,x_n)$是k阶齐次函数.

齐次函数的欧拉定理指出，如果$f(x_i)$是k阶齐次函数，则

$$\sum_i x_i \frac{\partial f}{\partial x_i} = kf.$$

由于动能的一般形式是$T_0 + T_1 + T_2$，拉格朗日量也有这种形式：$L = L_0 + L_1 + L_2$. 然后根据欧拉定理，

$$\sum_i \dot{q}_i \frac{\partial L_0}{\partial \dot{q}_i} = 0$$

$$\sum_i \dot{q}_i \frac{\partial L_1}{\partial \dot{q}_i} = L_1$$

$$\sum_i \dot{q}_i \frac{\partial L_2}{\partial \dot{q}_i} = 2L_2.$$

因此，

$$\sum_i \dot{q}_i \frac{\partial L}{\partial \dot{q}_i} = \sum_i \dot{q}_i \frac{\partial (L_0 + L_1 + L_2)}{\partial \dot{q}_i} = L_1 + 2L_2$$

及

$$\sum_i \dot{q}_i \frac{\partial L}{\partial \dot{q}_i} - L = (L_1 + 2L_2) - (L_0 + L_1 + L_2) = L_2 - L_0.$$

如果变换方程不显式涉及t，$T = T_2$，即T是关于速度第二个分量的齐次函数. 如果V不依赖于速度，$L_0 = -V$，那么

$$h = T + V = E.$$

只要这些条件得到满足，能量函数就等于总能量，总能量保持不变.

如果用p_i替换$\frac{\partial L}{\partial \dot{q}_i}$，则能量函数就变为哈密顿量，它是广义坐标和广义动量的函数：

$$H = H(q,p,t) = \sum_i \dot{q}_i p_i - L.$$

能量函数和哈密顿量基本上相同，但它们用不同变量表示，即$h = h(q,\dot{q},t)$且$H = H(q,p,t)$. （h依赖于速度，而H依赖于动量.）

练习 1.23 （a）证明 $\boldsymbol{F} = -y\hat{\boldsymbol{i}} + x\hat{\boldsymbol{j}}$ 不是保守的. （b）证明 $\boldsymbol{F} = y\hat{\boldsymbol{i}} + x\hat{\boldsymbol{j}}$是保守的.

练习 1.24 证明 $\boldsymbol{F} = 3x^2y\hat{\boldsymbol{i}} + (x^3+1)\hat{\boldsymbol{j}} + 9z^2\hat{\boldsymbol{k}}$ 是保守的.

练习 1.25 证明保守力的旋度为零.

练习 1.26 证明欧拉定理. （提示：对 $f(tx,ty,tz) = t^kf(x,y,z)$ 关于 t 求导，然后令 $t=1$. ）

练习 1.27 证明 $z^2\ln(x/y)$ 是二阶齐次的.

练习 1.28 证明 $\sum_i \dot{q}_i \frac{\partial L_2}{\partial \dot{q}_i} = 2L_2$.

位力定理

位力定理指出，对于有界保守系统（如行星绕恒星运行），动能的平均值与势能的平均值成正比. 对于行星/恒星，会有$\langle T\rangle = -(1/2)\langle V\rangle$. 现在证明这个定理.

在笛卡儿坐标系中，动能是仅依赖于速度的二次齐次函数，因此欧拉定理得出

$$\sum_\alpha \boldsymbol{v}_\alpha \cdot \frac{\partial T}{\partial \boldsymbol{v}_\alpha} = 2T.$$

只要势能不依赖于速度，动量就可以表示为

$$\boldsymbol{p}_\alpha = \frac{\partial T}{\partial \boldsymbol{v}_\alpha},$$

故

$$2T = \sum_\alpha \boldsymbol{p}_\alpha \cdot \boldsymbol{v}_\alpha = \sum_\alpha \boldsymbol{p}_\alpha \cdot \frac{\mathrm{d}\boldsymbol{r}_\alpha}{\mathrm{d}t}.$$

但

$$\frac{\mathrm{d}}{\mathrm{d}t}\sum_\alpha \boldsymbol{p}_\alpha \cdot \boldsymbol{r}_\alpha = \sum_\alpha \boldsymbol{p}_\alpha \cdot \frac{\mathrm{d}\boldsymbol{r}_\alpha}{\mathrm{d}t} + \sum_\alpha \frac{\mathrm{d}\boldsymbol{p}_\alpha}{\mathrm{d}t} \cdot \boldsymbol{r}_\alpha.$$

因此

$$2T = \frac{\mathrm{d}}{\mathrm{d}t}\sum_\alpha \boldsymbol{p}_\alpha \cdot \boldsymbol{r}_\alpha - \sum_\alpha \frac{\mathrm{d}\boldsymbol{p}_\alpha}{\mathrm{d}t} \cdot \boldsymbol{r}_\alpha.$$

现在由牛顿第二定律可得，对于保守系统，

$$\frac{\mathrm{d}\boldsymbol{p}_\alpha}{\mathrm{d}t} = \boldsymbol{F}_\alpha = -\frac{\partial V}{\partial \boldsymbol{r}_\alpha},$$

所以

$$2T = \frac{\mathrm{d}}{\mathrm{d}t}\sum_\alpha \boldsymbol{p}_\alpha \cdot \boldsymbol{r}_\alpha + \sum_\alpha \frac{\partial V}{\partial \boldsymbol{r}_\alpha} \cdot \boldsymbol{r}_\alpha.$$

现在来计算这个方程中所有项的平均值：

$$\langle 2T \rangle = \left\langle \frac{\mathrm{d}}{\mathrm{d}t}\sum_\alpha \boldsymbol{p}_\alpha \cdot \boldsymbol{r}_\alpha \right\rangle + \left\langle \sum_\alpha \boldsymbol{r}_\alpha \cdot \frac{\partial V}{\partial \boldsymbol{r}_\alpha} \right\rangle.$$

回想一下，函数$f(t)$关于时间的平均值为

$$\langle f(t) \rangle = \lim_{\tau\to\infty} \frac{1}{\tau}\int_0^\tau f(t)\,\mathrm{d}t,$$

故

$$\begin{aligned}\left\langle \frac{\mathrm{d}}{\mathrm{d}t}\sum_\alpha \boldsymbol{p}_\alpha \cdot \boldsymbol{r}_\alpha \right\rangle &= \lim_{\tau\to\infty} \frac{1}{\tau}\int_0^\tau \frac{\mathrm{d}}{\mathrm{d}t}\sum_\alpha \boldsymbol{p}_\alpha \cdot \boldsymbol{r}_\alpha \mathrm{d}t = \lim_{\tau\to\infty} \frac{1}{\tau}\int_0^\tau \mathrm{d}\left(\sum_\alpha \boldsymbol{p}_\alpha \cdot \boldsymbol{r}_\alpha\right) \\ &= \lim_{\tau\to\infty} \frac{1}{\tau}\left[\sum_\alpha \boldsymbol{p}_\alpha \cdot \boldsymbol{r}_\alpha\right]_0^\tau \\ &= \lim_{\tau\to\infty} \frac{\sum_\alpha \boldsymbol{p}_\alpha \cdot \boldsymbol{r}_\alpha \big|_\tau - \sum_\alpha \boldsymbol{p}_\alpha \cdot \boldsymbol{r}_\alpha \big|_0}{\tau} = 0,\end{aligned}$$

这里假设了 $\sum_\alpha \boldsymbol{p}_\alpha \cdot \boldsymbol{r}_\alpha$ 始终保持有限. 换句话说，假设运动是有界的，所以分子有限，但是分母趋于无穷大.

现在只剩

$$2\langle T \rangle = \left\langle \sum_\alpha \boldsymbol{r}_\alpha \cdot \frac{\partial V}{\partial \boldsymbol{r}_\alpha} \right\rangle.$$

如果势能是位置的 k 阶齐次函数，则根据欧拉定理，右边是 kV，并且

$$2\langle T \rangle = k\langle V \rangle.$$

因此，例如，对于重力场中质量为 m 的质点，$V = -\frac{GMm}{r}$，故 $k = -1$ 且

$$2\langle T \rangle = -\langle V \rangle.$$

由于 $E=T+V$，我们可以看到$\langle E\rangle = -\langle T\rangle$，这表示总能量为负，平均动能的大小是平均势能的一半.

举另一个例子，考虑弹簧上的质量. 势能是 $V=(1/2)Kx^2$，故 $k=2$ 且$2\langle T\rangle=2\langle V\rangle$，即$\langle T\rangle=\langle V\rangle$.

1.12 习题

1.1 有关于某个物理学家因闯红灯而获得交通罚单的故事. 作为一个聪明人，物理学家向法官证明，如果不闯红灯或不打破速度限制，车子既不可能停下来，也不可能继续下去. 在这个问题中，我们来验证一下这个故事是可信的还是仅仅是某个工作过度的研究生虚构的. 假设物理学家以等于限速的恒定速度 v_0 驾驶汽车. 当灯从绿色变为黄色时，汽车与交叉口的距离为 d. 物理学家有反应时间 τ，汽车用恒定的负加速度 a_c 刹车. 灯在一段时间 t_y 内保持黄色. 确定条件，使车辆在没有闯红灯的情况下，既不能停车，也不能以 v_0 继续行驶. 此外，使用 τ，t_y，a_c 和 v_0 的真实值来确定实际是否会出现这种情况.（使用简单的运动关系求解.）

1.2 将质量为 M 且半径为 R 的圆柱体底部放在距离桌子边缘为 L 的地方，如图 1.11 所示. 绳子紧紧地缠绕在圆筒上，绳子的自由端穿过无摩擦的滑轮，悬挂在桌子的边缘. 质量为 m 的质点附着在管柱的自由端. 确定线轴到达工作台边缘所需的时间.

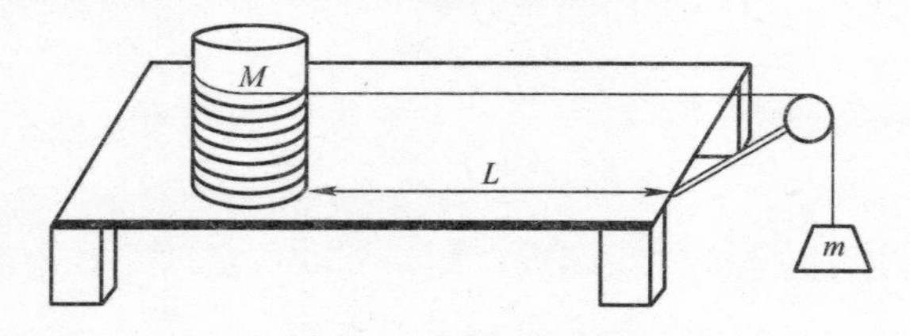

图 1.11 无摩擦桌面上的圆柱

1.3 绳子穿过无质量滑轮. 每一端绕在一个垂直的环上，如图 1.12所示. 两环都有下降的倾向，绳子随之放松，确定两环的加速度. 环箍的质量分别为 M_1 和 M_2，半径为 R_1 和 R_2. 证明管柱中的张力为 $\tau = gM_1M_2(M_1+M_2)^{-1}$.

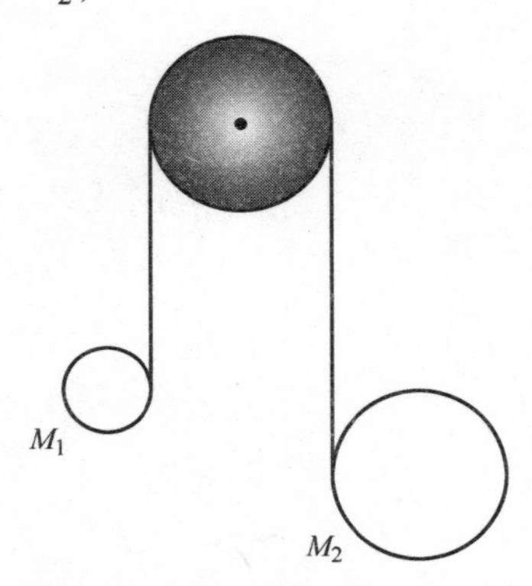

图 1.12 两个环挂在滑轮上。随着箍环的下降，绳子放松

1.4 双极坐标 η 和 ζ 的变换方程为

$$x = \frac{a\sinh\eta}{\cosh\eta - \cos\zeta},$$

$$y = \frac{a\sin\zeta}{\cosh\eta - \cos\zeta}.$$

(a) 证明存在逆变换. (b) 将 η 和 ζ 写成 x 和 y 的表达式的形式.

1.5 质量为 m，半径为 a 的圆盘滚下角度为 α 的完全粗糙的斜面. 确定运动方程和作用在圆盘上的约束条件.

1.6 长度为 l、质量为 m 的摆锤安装在质量为 M 的大车上，大车可沿轨道自由滚动，没有摩擦. 写出摆锤/大车系统的拉格朗日量.

1.7 从定义

$$T = \frac{1}{2}\sum_{i=1}^{N} m_i(\dot{x}_i^2 + \dot{y}_i^2 + \dot{z}_i^2)$$

和变换方程开始，证明

$$T = \sum_{j=1}^{3N}\sum_{k=1}^{3N}\frac{1}{2}A_{jk}\dot{q}_j\dot{q}_k + \sum_{j=1}^{3N}B_j\dot{q}_j + T_0,$$

式中

$$A_{jk} = \sum_{i=1}^{N} m_i \left(\frac{\partial x_i}{\partial q_i} \frac{\partial x_i}{\partial q_k} + \frac{\partial y_i}{\partial q_j} \frac{\partial y_i}{\partial q_k} + \frac{\partial z_i}{\partial q_j} \frac{\partial z_i}{\partial q_k} \right),$$

$$B_j = \sum_{i=1}^{N} m_i \left(\frac{\partial x_i}{\partial q_j} \frac{\partial x_i}{\partial t} + \frac{\partial y_i}{\partial q_j} \frac{\partial y_i}{\partial t} + \frac{\partial z_i}{\partial q_j} \frac{\partial z_i}{\partial t} \right),$$

$$T_0 = \sum_{i=1}^{N} \frac{1}{2} m_i \left[\left(\frac{\partial x_i}{\partial t} \right)^2 + \left(\frac{\partial y_i}{\partial t} \right)^2 + \left(\frac{\partial z_i}{\partial t} \right)^2 \right].$$

第2章 变分法

2.1 简介

变分法研究极值问题，它是数学的一个分支；它给出了确定某个特定的定积分何时取最大值或最小值（或者更一般地说，积分是“平稳”的条件，的方法. 变分法回答如下问题.

1. 平面上两点间最短距离的路径是什么？（一条直线.）

2. 球体上两点之间最短距离的路径是什么？（测地线或“大圆”.）

3. 给定曲线长度，包围最大面积的形状是什么？（圆圈.）

4. 对于给定的表面积，封闭最大体积的空间区域的形状是什么？（球体.）

变分法的技巧是用定积分来表示问题，然后确定积分最大化（或最小化）的条件. 例如，考虑 $x-y$ 平面上的两点（P_1 和 P_2）. 这两点可以通过无限多的路径连接，每条路径都由 $y=y(x)$ 形式的函数描述. 假设要确定方程 $y=y(x)$，得到 P_1 和 P_2 之间最短路径的曲线. 为此，两点之间的距离由以下定积分给出：

$$I=\int_{P_1}^{P_2}\mathrm{d}s,$$

上式中，$\mathrm{d}s$ 是沿曲线的一段无穷小距离. 目标是确定函数 $y=y(x)$，使 I 最小化.

作为类比，首先回顾一下求某个函数的极大值或极小值（即“驻点”或“平稳点”）的微积分方法. 例如，考虑普通函数 $h(x,y)$，假设它代表拓扑地图的高度 h. 想象某座山的高度大于地图上任何其他点的高度. 也就是说，在某一点上（比如说 x_0，y_0）的高度 h 是绝对最大值. 那么该如何确定 x_0 和 y_0 呢? 正如从初等微积分中所知道的, 方法是找出 h 对 x 和 y 的偏导数为零的点. (显然, 当经过最大值时, 曲线的斜率从正变为负, 因此它在最大值本身必须是零.) 但是, 如果 h 对 x 的导数是零, 这意味着沿 x 方向距离峰值无穷小的点将具有与峰值 h 同样的值! 也就是说, 如果 $\partial h/\partial x=0$, 那么对于 x 的一个无穷小的变化, h 的值没有变化. 为了解决这个难题, 在接近峰值时, 函数 $h(x,y)$ 可以展开成泰勒级数, 因此,

$$h(x+\mathrm{d}x,y+\mathrm{d}y)=h(x_0,y_0)+\mathrm{d}x\left.\frac{\partial h}{\partial x}\right|_{x_0,y_0}+\mathrm{d}y\left.\frac{\partial h}{\partial y}\right|_{x_0,y_0}+\text{二阶项}.$$

等式右边的偏导数 $\partial h/\partial x$ 和 $\partial h/\partial y$ 为零, 因此在驻点的无穷小邻域中, 函数值的一阶项等于它在驻点的值. 为了找到 h 的变化, 需要转到二阶项. 通过这些项可得驻点的性质: 如果它们是正的, 则驻点是极小点; 如果它们是负的, 则驻点是极大点; 如果它们在一个方向上是正的, 而在另一个方向上是负的, 则驻点是鞍点.

当然, 要解决的不是寻找函数而是积分的驻点的问题. 此外, 不是改变坐标值, 而是改变积分的计算路径. 然而, 为了找到积分的驻点, 将使用同样的概念, 即在一阶意义下积分在驻点的无穷小邻域中的所有点上都具有相同的值.

2.2 欧拉 - 拉格朗日方程的推导

现在推导变分法的基本方程. 它被称为欧拉 - 拉格朗日方程, 或者简称为欧拉方程. 当推导此关系式时, 考虑一个简单的例子, 即求平面上两点之间最短曲线的长度的问题, 从而使事情更具体. 曲线由函数 $y=y(x)$ 描述. 曲线的无穷小段的长度为 $\mathrm{d}s$, 其中

$$\mathrm{d}s=\sqrt{\mathrm{d}x^2+\mathrm{d}y^2}.$$

则曲线的长度为

$$\begin{aligned}I&=\int_i^f\mathrm{d}s=\int_i^f\sqrt{\mathrm{d}x^2+\mathrm{d}y^2}=\int_i^f\sqrt{1+\left(\frac{\mathrm{d}y}{\mathrm{d}x}\right)^2}\mathrm{d}x\\&=\int_i^f\sqrt{1+y'^2}\mathrm{d}x,\end{aligned}$$

这里在曲线端点（初始点和最终点）之间进行积分，符号 y'定义为 $y'=\frac{\mathrm{d}y}{\mathrm{d}x}$.（为了方便起见，我们用撇表示关于 x 的导数.），如图 2.1 所示.

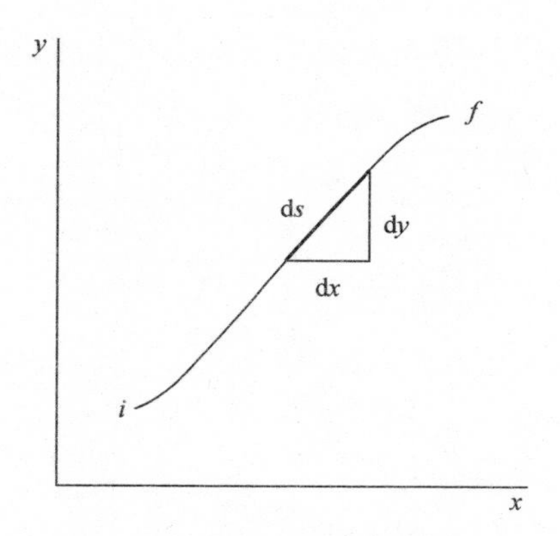

图 2.1　点 i 和 f 之间的曲线 $y=y(x)$

现在假设想要找到对应于两个端点之间最短路径长度的曲线. 这意味着要找到一个函数 $y=y(x)$，使得积分 I 是最小值.

此积分可以用以下方式改写

$$I=\int_i^f \Phi(y)\,\mathrm{d}x, \tag{2.1}$$

其中 Φ 是 y 的函数，但 y 本身就是函数（它是 x 的函数）. 所以 Φ 是函数的函数. 称之为*泛函*.

问题是找到*函数* $y(x)$，使*泛函* $\Phi(y)$ 的积分最小化. 对于讨论的情况，泛函显然是

$$\Phi(y)=\sqrt{1+y'^2}.$$

可以想象，对于不同的问题，有不同的泛函.

这里有另一个不同的问题. 确定无摩擦线的形状 $z=z(x)$，使得受到重力作用的圆珠在最短的时间内从初始点 (x_i,z_i) 滑到最终点 (x_f,z_f).（这是一个著名的问题，由艾萨克·牛顿在几个小时内解决了；它在历史上被称为*最速降线问题*.）在这个问题中，希望将时间最小化.

物体从一个点到另一个点所需的时间是由距离除以速度得出的．对于沿线下滑的质点的速度可由形式为$\frac{1}{2}mv^2=mgh$的能量守恒确定，得

$$v=\sqrt{2gh},$$

其中 h 是低于初始点的距离．如果从 z_i 往下测量 z，则可以写作 $v=\sqrt{2gz}$．沿着曲线滑动距离 ds 的时间是

$$\mathrm{d}t=\frac{\mathrm{d}s}{\sqrt{2gz}}=\sqrt{\frac{\mathrm{d}x^2+\mathrm{d}z^2}{2gz}}=\sqrt{\frac{1+z'^2}{2gz}}\mathrm{d}x.$$

这个问题中要最小化的量是

$$I=\int_i^f\sqrt{\frac{1+z'^2}{2gz}}\mathrm{d}x,$$

泛函是

$$\Phi(z,z')=\sqrt{\frac{1+z'^2}{2gz}}. \tag{2.2}$$

例 2.1　测地线是球面上两点之间的最短距离．这是大圆的一部分．最后会确定大圆的方程，但这里只需要确定适当的泛函．

解 2.1　半径为 a 的球体上的一段路径在图 2.2 中表示为 ds．从球体的几何结构可以清楚地看出

$$\mathrm{d}s^2=a^2\mathrm{d}\theta^2+a^2\sin^2\theta\mathrm{d}\phi^2.$$

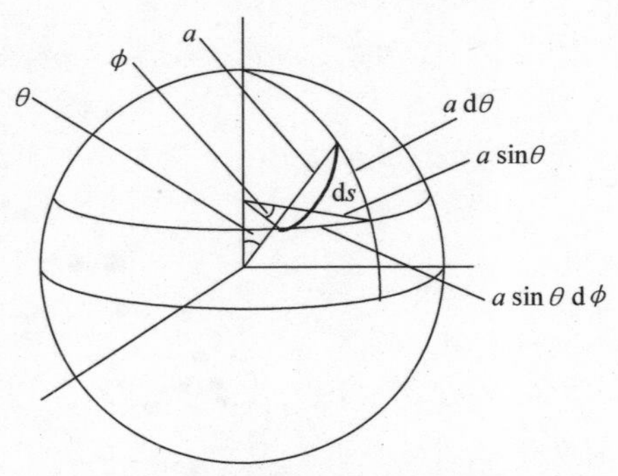

图 2.2　球体上的一段路径 ds

因此，球体上曲线的长度是

$$I = \int \mathrm{d}s = \int a\mathrm{d}\theta \sqrt{1 + \sin^2\theta\phi'^2},$$

上式中，$\phi' = \mathrm{d}\phi/\mathrm{d}\theta$. 泛函为

$$\Phi = (1 + \sin^2\theta\phi'^2)^{1/2}.$$

在这些例子中得到的泛函是在变分问题中遇到的泛函的代表. 一般来说，将使用的泛函依赖于两个函数，如 y 和 y'，以及参数 x，因此，

$$\Phi = \Phi(x, y, y'). \tag{2.3}$$

注意 $y = y(x)$，而 $y' = y'(x) = \dfrac{\mathrm{d}y(x)}{\mathrm{d}x}$. 也就是说，$x$ 是独立参数，y 和 y' 是 x 的函数（后面将要讨论独立参数是时间 t 时的问题）.

到目前为止，所做的是描述在最短距离、最速降线和测地线等问题中如何得到泛函. 然而，还没有展示如何确定使积分最小化的函数.

现在来推导积分平稳的条件. 这里将以两点之间的最短路径为例，但推导可以一般化. 想象在两点之间画一条直线. 众所周知，这是最短距离的路径. 想象一下在同一两点之间画出附近的路径（即与最短路径相差无穷小的路径），如图 2.3 所示. 附近的路径与“真”或最小路径略有不同. 如果 $y = y(x)$ 是最小路径的方程，则附近路径的方程可以表示为

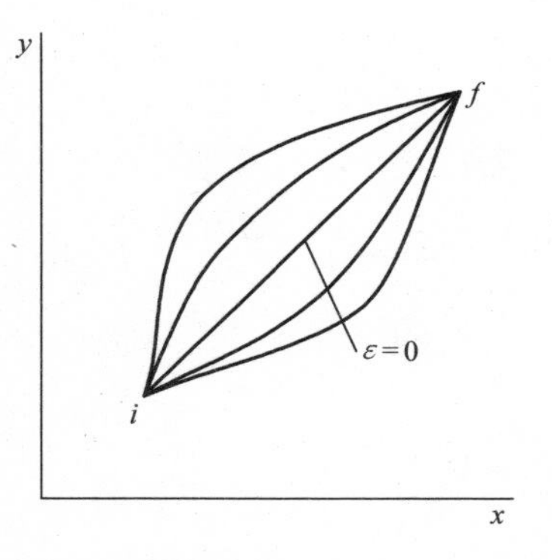

图 2.3 曲线族 $y(x) + \varepsilon\eta(x)$. 最短曲线用 $\varepsilon = 0$ 表示. 注意所有曲线在端点处一致，因此 $\eta(x_i) = \eta(x_f) = 0$

$$Y(x, \varepsilon) = y(x) + \varepsilon\eta(x), \tag{2.4}$$

式（2.4）中，ε 是很小的量，$\eta(x)$ 是 x 的任意函数，但它满足一个重要的条件，即 $\eta(x)$ 在端点处必须为零，因为在这些点上所有路径一致. 对于给定的函数 $\eta(x)$，ε 的不同值将产生不同的路径，所有路径都属于相同的曲线族.（选择不同的函数 $\eta(x)$ 将生成另一族曲线，

每条曲线都以 ε 的值来刻画.）假设给定 $\eta(x)$，路径 $Y(x)$ 是 ε 和 x 的函数. 这就是我们写成 $Y=Y(x,\varepsilon)$ 的原因. 当然，这些曲线中任何一条线的长度都取决于 ε 的值，可以表示为

$$I(\varepsilon) = \int_{x_i}^{x_f} \Phi(x,Y,Y')\,\mathrm{d}x,$$

其中 Φ 具有形式

$$\Phi = \sqrt{1+Y'^2}.$$

把 I 写成 ε 的函数，是因为对 x 的依赖性已经被积分掉了.

要确定使积分 I 平稳的函数 $y(x)$. 在普通微积分中，令微分为零（$\mathrm{d}I=0$）. 但现在要问的是哪个函数 $y(x)$ 会使 I 保持平稳，故将变分设为零（$\delta I=0$）. 这通常被称为“一阶变分”，因为 δI 是根据麦克劳林展开式

$$I(\varepsilon) = I(0) + \left[\frac{\mathrm{d}I}{\mathrm{d}\varepsilon}\right]_{\varepsilon=0}\varepsilon + O(\varepsilon^2)$$

定义的. 仅保留关于 ε 的第一项，定义

$$\delta I(\varepsilon) = I(\varepsilon) - I(0) = \left[\frac{\mathrm{d}I}{\mathrm{d}\varepsilon}\right]_{\varepsilon=0}\varepsilon.$$

因此 $\delta I=0$ 等价于 $\left[\frac{\mathrm{d}I}{\mathrm{d}\varepsilon}\right]_{\varepsilon=0}=0.$

将 I 的积分形式代入得

$$\left[\frac{\mathrm{d}}{\mathrm{d}\varepsilon}\int_{x_i}^{x_f}\Phi(x,Y,Y')\,\mathrm{d}x\right]_{\varepsilon=0} = 0. \tag{2.5}$$

Y 和 Y' 都是 ε 的函数. 在积分号内取导数有

$$\int_{x_i}^{x_f}\left[\frac{\partial\Phi}{\partial Y}\frac{\partial Y}{\partial\varepsilon} + \frac{\partial\Phi}{\partial Y'}\frac{\partial Y'}{\partial\varepsilon}\right]_{\varepsilon=0}\mathrm{d}x = 0. \tag{2.6}$$

第二项可以进行分部积分如下：

$$\begin{aligned}\int_{x_i}^{x_f}\left[\frac{\partial\Phi}{\partial Y'}\frac{\partial Y'}{\partial\varepsilon}\right]\mathrm{d}x &= \int_{x_i}^{x_f}\frac{\partial\Phi}{\partial Y'}\frac{\partial}{\partial\varepsilon}\left(\frac{\mathrm{d}Y}{\mathrm{d}x}\right)\mathrm{d}x = \int_{x_i}^{x_f}\frac{\partial\Phi}{\partial Y'}\frac{\mathrm{d}}{\mathrm{d}x}\left(\frac{\partial Y}{\partial\varepsilon}\right)\mathrm{d}x \\ &= \int_{x_i}^{x_f}\frac{\partial\Phi}{\partial Y'}\mathrm{d}\left(\frac{\partial Y}{\partial\varepsilon}\right) = \left.\frac{\partial\Phi}{\partial Y'}\frac{\partial Y}{\partial\varepsilon}\right|_{x_i}^{x_f} - \int_{x_i}^{x_f}\frac{\mathrm{d}}{\mathrm{d}x}\left(\frac{\partial\Phi}{\partial Y'}\right)\frac{\partial Y}{\partial\varepsilon}\mathrm{d}x.\end{aligned}$$

但 $Y=y(x)+\varepsilon\eta(x)$，故 $\frac{\partial Y}{\partial\varepsilon}=\eta(x)$，且在端点处 $\eta(x)=0$（因为在此

处所有曲线一致.）因此，

$$\frac{\partial \Phi}{\partial Y'}\frac{\partial Y}{\partial \varepsilon}\bigg|_{x_i}^{x_f}=\frac{\partial \Phi}{\partial Y'}[\eta(x_f)-\eta(x_i)]=0.$$

因此，方程（2.6）变为

$$\int_{x_i}^{x_f}\left[\left(\frac{\partial \Phi}{\partial Y}-\frac{\mathrm{d}}{\mathrm{d}x}\left[\frac{\partial \Phi}{\partial Y'}\right]\right)\left(\frac{\partial Y}{\partial \varepsilon}\right)\right]_{\varepsilon=0}\mathrm{d}x = 0. \tag{2.7}$$

被积函数是两项的乘积. 由于$\frac{\partial Y}{\partial \varepsilon}=\eta(x)$，方程（2.7）具有形式

$$\int_a^b f(x)\eta(x)\,\mathrm{d}x = 0, \tag{2.8}$$

这里

$$f(x)=\frac{\partial \Phi}{\partial Y}-\frac{\mathrm{d}}{\mathrm{d}x}\left(\frac{\partial \Phi}{\partial Y'}\right).$$

函数 $\eta(x)$ 是任意的（终点除外），因此方程（2.8）只有当且仅当 $f(x)=0$时，对 x 的所有值成立时才是真的. 可能认为要求 $f(x)=0$（对 x 的所有值）太过严格，但很容易证明并不是这样. 可以这样证明：假设除了在 x_i 和 x_f之间的某个点 $x=\xi$ 之外所有的点 $f(x)$ 都是零. 接下来考虑积分

$$\int_{x_i=\xi-\varepsilon}^{x_f=\xi+\varepsilon} f(x)\eta(x)\,\mathrm{d}x = 0,$$

其中，ε 是非常小的量. 由于积分处处为零，所以在积分范围内为零. 此外，$f(x)$ 在积分的小范围内基本上是常数. 用 $f(\xi)$ 表示，并将其拿到积分号外，

$$f(\xi)\int_{x_i=\xi-\varepsilon}^{x_f=\xi+\varepsilon}\eta(x)\,\mathrm{d}x = 0.$$

积分不是零，所以 $f(\xi)$ 必须是零. 但是点 $x=\xi$ 可以取区间 x_i 到 x_f 中的任意值，所以 $f(x)$ 在路径上的所有点都是零.

证明由 $\int_a^b f(x)\eta(x)\,\mathrm{d}x = 0$ 可以推出 $f(x)=0$ 的另一个方法是假设 $f(x)$ 不是零，并利用 $\eta(x)$ 是任意值这一结论. 例如，当 $f(x)$ 为负时，可以要求 $\eta(x)$ 为负，当 $f(x)$ 为正时，$\eta(x)$ 为正. 但是，这样 $f(x)\eta(x)$ 在任何点都是正的，并且条件（2.8）不满足. 我们再次得出结论，方程（2.8）成立当且仅当 $f(x)=0$. 因此，方程（2.7）可以简

化为

$$\left[\frac{\partial \Phi}{\partial Y}-\frac{\mathrm{d}}{\mathrm{d}x}\left(\frac{\partial \Phi}{\partial Y'}\right)\right]_{\varepsilon=0}=0,$$

相当于要求

$$\frac{\partial \Phi}{\partial y}-\frac{\mathrm{d}}{\mathrm{d}x}\left(\frac{\partial \Phi}{\partial y'}\right)=0. \tag{2.9}$$

这被称为欧拉－拉格朗日方程㊀. 它给出了若 $y=y(x)$ 是使积分

$$\int_{x_i}^{x_f}\Phi(x,y,y')\,\mathrm{d}x$$

取极值的路径则必须满足的条件.

例如，在确定平面上两点之间最小距离的方程时，泛函是

$$\Phi(x,y,y')=\sqrt{1+y'^2}.$$

把它代入欧拉－拉格朗日方程

$$-\frac{\mathrm{d}}{\mathrm{d}x}\frac{\partial}{\partial y'}(1+y'^2)^{\frac{1}{2}}=0.$$

经过代数运算，可得

$$y=mx+b,$$

其中 m 和 b 是常数. 但是 $y=mx+b$ 是直线方程!

练习 2.1 证明由泛函 $\Phi=\sqrt{1+y'^2}$ 得到 $y=mx+b$.

练习 2.2 使用极坐标找到平面上两点之间最短距离的方程.

答：$r\cos(\theta+\alpha)=C$，其中 α 和 C 为常数.

练习 2.3 确定并识别曲线 $y=y(x)$，使 $\int_{x_1}^{x_2}[x(1+y'^2)]^{1/2}\mathrm{d}x$ 平稳.

答：抛物线.

练习 2.4 确定并识别曲线 $y=y(x)$，使 $\int_{x_1}^{x_2}\frac{\mathrm{d}s}{x}$ 平稳. 答:圆.

2.2.1 δ与d的差异

δ和d之间的差异不只是符号上的.

㊀ 在第1章［方程（1.16）］中，已经遇到了欧拉－拉格朗日方程的一个变体.

当应用于变量时，δ表示虚位移，通常认为是在时间可以忽略的情况下的坐标变化. 更一般地说，它是虚拟变量中的微小变化；即在保持独立参数不变的情况下，以任意但运动学上允许的方式变动. 相反，d代表变量发生在某个有限的时间段内的实际变化.

当应用于函数时，由拉格朗日引入的符号δ表示函数的变分，而d表示函数的微分. 举一个简单的例子，考虑函数$F(x,\dot{x},t)$，这是依赖于位置、速度和时间的函数. 但位置和速度都取决于时间. 也就是说，时间是独立的参数，可以写作

$$F=F(x(t),\dot{x}(t),t).$$

根据微积分法则，F的微分为

$$\mathrm{d}F=\frac{\partial F}{\partial x}\mathrm{d}x+\frac{\partial F}{\partial \dot{x}}\mathrm{d}\dot{x}+\frac{\partial F}{\partial t}\mathrm{d}t.$$

另一方面，F的变分为

$$\delta F=\frac{\partial F}{\partial x}\delta x+\frac{\partial F}{\partial \dot{x}}\delta\dot{x}.$$

微分和变分之间最显著的区别是微分会带到同一函数上的不同点，而变分则会带到不同的函数. 如图2.4所示，其中考虑了自变量为x的两个函数. 它们是$y=f(x)$，即“真”函数（即使定积分最小化的函数），以及$y=g(x)=f(x)+\varepsilon\eta(x)$，即具有同样端点的“变化”了的函数. 变分$\delta y$由

$$\delta y=g(x)-f(x)$$

给出. 也就是说，δy给出了相同x值下真函数和变函数之间的差. 另一方面，如果$y=f(x)$，那么$\mathrm{d}y$是由于x的变化而引起的$f(x)$的变化. 也就是说

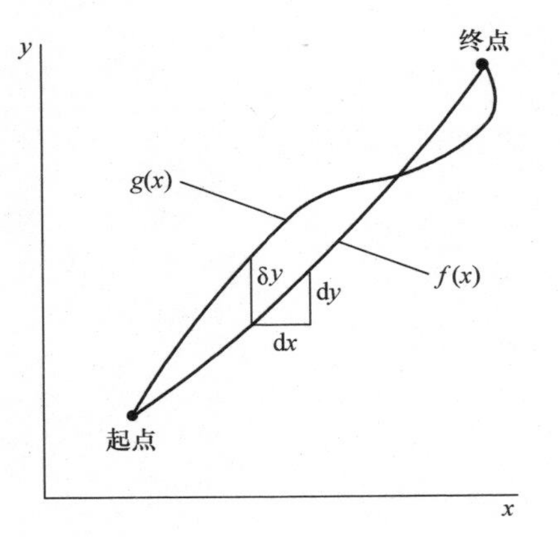

图2.4 δ与d的差异示意图

$$\mathrm{d}y=f(x+\mathrm{d}x)-f(x).$$

当应用于定积分时，δ和d之间的差异变得尤为重要，因为这两种变化常常同时发生.

在欧拉–拉格朗日方程的推导过程中，将 ε 作为参数，以表明是在“真”路径上（对于“真”路径，$\varepsilon=0$），还是在可变路径上（$\varepsilon\neq0$）. 很明显，给出路径长度的积分 I 取决于 ε. 这就是为什么写成$I=I(\varepsilon)$. 下一步是求 I 对 ε 的导数，并将其设为零. [ε 的不同值得到不同的曲线，即不同的函数 $y=y(x)$.]

也可以用变分来表述问题，例如，

$$\delta y=\eta(x)\mathrm{d}\varepsilon,$$

和

$$\delta y'=\eta'(x)\mathrm{d}\varepsilon.$$

这两种表述对于 $Y(x)=y(x)+\varepsilon\eta(x)$是一致的. 回顾 $Y(x)$表示一族曲线 $y(x,\varepsilon)$，则将 $Y(x)$替为 $y(x,\varepsilon)$有

$$\delta y=\delta[y(x,\varepsilon)]=\left[\frac{\mathrm{d}y(x,\varepsilon)}{\mathrm{d}\varepsilon}\right]_{\varepsilon=0}\delta\varepsilon=\left[\frac{\mathrm{d}}{\mathrm{d}\varepsilon}(y(x)+\varepsilon\eta(x))\right]_{\varepsilon=0}$$

$$\delta\varepsilon=\eta(x)\delta\varepsilon.$$

由于 $I=I(y,y',x)$，有

$$\delta I=\frac{\partial I}{\partial y}\partial y+\frac{\partial I}{\partial y'}\delta y'.$$

（注意 x 已固定. ）但

$$\begin{aligned}\delta I&=\delta\int_{x_1}^{x_2}\Phi(y,y',x)\mathrm{d}x\\&=\int_{x_1}^{x_2}\delta\Phi\mathrm{d}x\\&=\int_{x_1}^{x_2}\left(\frac{\partial\Phi}{\partial y}\delta y+\frac{\partial\Phi}{\partial y'}\delta y'\right)\mathrm{d}x\\&=\int_{x_1}^{x_2}\left[\frac{\partial\Phi}{\partial y}\eta(x)\mathrm{d}\varepsilon+\frac{\partial\Phi}{\partial y'}\eta'(x)\mathrm{d}\varepsilon\right]\mathrm{d}x.\end{aligned}$$

因此，可以用两种方式中的任何一种来表述 I 的条件，即正如在方程（2.7）中所做的，令

$$\left[\frac{\mathrm{d}I}{\mathrm{d}\varepsilon}\right]_{\varepsilon=0}=0,$$

或者通过说明变分 δI 为零. 这两种说法等价.

对符号的最后一点评论. $\Phi=\Phi(y,y',x)$的“泛函导数”定义为

$$\frac{\delta\Phi}{\delta y}=\frac{\partial\Phi}{\partial y}-\frac{\mathrm{d}}{\mathrm{d}x}\frac{\partial\Phi}{\partial y'}. \tag{2.10}$$

这有时称为“变分导数”.

练习 2.5 证明 δ 和 d 可交换.

练习 2.6 给定

$$\delta\Phi=\frac{\partial\Phi}{\partial y}\delta y+\frac{\partial\Phi}{\partial y'}\delta y',$$

证明 $\delta I=0$ 与 $\left[\frac{\mathrm{d}I}{\mathrm{d}\varepsilon}\right]_{\varepsilon=0}=0$ 的含义相同.

2.2.2 欧拉-拉格朗日方程的不同形式

前文已经得到形如

$$\frac{\partial\Phi}{\partial y}-\frac{\mathrm{d}}{\mathrm{d}x}\left(\frac{\partial\Phi}{\partial y'}\right)=0$$

的欧拉-拉格朗日方程.

该形式有两种变形. 其中一种对 Φ 不依赖于 y 的问题有用，另一种对 Φ 不依赖于 x 的问题有用.

如果 Φ 不依赖于 y，则欧拉-拉格朗日方程化简为

$$\frac{\mathrm{d}}{\mathrm{d}x}\left(\frac{\partial\Phi}{\partial y'}\right)=0,$$

从中可得

$$\frac{\partial\Phi}{\partial y'}=\text{常数}.$$

（这就是解决“平面上最短距离”问题时的情况.）

接下来假设 Φ 不依赖于 x，那么，由于 $\Phi=\Phi(y,y')$，Φ 对 x 的偏导数为零，Φ 对 x 的全微分为

$$\frac{\mathrm{d}\Phi}{\mathrm{d}x}=\frac{\partial\Phi}{\partial y}\frac{\mathrm{d}y}{\mathrm{d}x}+\frac{\partial\Phi}{\partial y'}\frac{\mathrm{d}y'}{\mathrm{d}x}.$$

但$\frac{\mathrm{d}y'}{\mathrm{d}x}=\frac{\mathrm{d}}{\mathrm{d}x}\frac{\mathrm{d}y}{\mathrm{d}x}=y''$，故

$$\frac{\mathrm{d}\Phi}{\mathrm{d}x}=\frac{\partial\Phi}{\partial y}\frac{\mathrm{d}y}{\mathrm{d}x}+y''\frac{\partial\Phi}{\partial y'}=y'\frac{\partial\Phi}{\partial y}+y''\frac{\partial\Phi}{\partial y'}. \tag{2.11}$$

若以 y'乘欧拉－拉格朗日方程得

$$y'\frac{\partial \Phi}{\partial y}-y'\frac{\mathrm{d}}{\mathrm{d}x}\left(\frac{\partial \Phi}{\partial y'}\right)=0.$$

两边同加 $y''\frac{\partial \Phi}{\partial y'}$得

$$y'\frac{\partial \Phi}{\partial y}-y'\frac{\mathrm{d}}{\mathrm{d}x}\left(\frac{\partial \Phi}{\partial y'}\right)+y''\frac{\partial \Phi}{\partial y'}=y''\frac{\partial \Phi}{\partial y'}$$

$$y'\frac{\partial \Phi}{\partial y}+y''\frac{\partial \Phi}{\partial y'}=y''\frac{\partial \Phi}{\partial y'}+y'\frac{\mathrm{d}}{\mathrm{d}x}\left(\frac{\partial \Phi}{\partial y'}\right).$$

左侧即$\frac{\mathrm{d}\Phi}{\mathrm{d}x}$［见方程（2.11）］且右侧为$\frac{\mathrm{d}}{\mathrm{d}x}\left(y'\frac{\partial \Phi}{\partial y'}\right)$，故

$$\frac{\mathrm{d}\Phi}{\mathrm{d}x}=\frac{\mathrm{d}}{\mathrm{d}x}\left(y'\frac{\partial \Phi}{\partial y'}\right),$$

或

$$\frac{\mathrm{d}}{\mathrm{d}x}\left(\Phi-y'\frac{\partial \Phi}{\partial y'}\right)=0.$$

因此

$$\Phi-y'\frac{\partial \Phi}{\partial y'}=\text{常数}. \tag{2.12}$$

例 2.2 最速降线问题：确定金属丝的形状，使金属丝上的圆珠在最短的时间内从某个起始点滑到某个较低的最终点. 注意，两个端点(x_1,z_1)和(x_2,z_2)是固定的. 在第 2.2 节中，得出了泛函. 现在求解曲线 $z=z(x)$.

解 2.2 通过方程（2.2）得出了泛函

$$\Phi(z,z')=\sqrt{\frac{1+z'^2}{2gz}}.$$

注意 Φ 不依赖于 x. 因此，

$$\Phi-z'\frac{\partial \Phi}{\partial z'}=\text{常数}.$$

系数 $2g$ 可以舍去. 进行运算得

$$\sqrt{\frac{1+z'^2}{z}}-\frac{z'^2}{\sqrt{z}\sqrt{1+z'^2}}=\text{常数}=1/\sqrt{C}. \tag{2.13}$$

这可以表示为

$$z(1+z'^2)=C. \tag{2.14}$$

其中的细节留作练习. 要得到此方程的解，可令

$$z'=\cot\theta.$$

则 $1+z'^2=1/\sin^2\theta$，微分方程可以写成

$$z(1+\cot^2\theta)=\frac{z}{\sin^2\theta}=C,$$

或

$$z=C\sin^2\theta.$$

接下来注意到

$$\frac{\mathrm{d}x}{\mathrm{d}\theta}=\frac{\mathrm{d}x}{\mathrm{d}z}\frac{\mathrm{d}z}{\mathrm{d}\theta}=\frac{1}{z'}\frac{\mathrm{d}z}{\mathrm{d}\theta}=\tan\theta\frac{\mathrm{d}z}{\mathrm{d}\theta}=\tan\theta\frac{\mathrm{d}}{\mathrm{d}\theta}(C\sin^2\theta)=C(1-\cos2\theta).$$

因此，

$$x=\int C(1-\cos2\theta)\mathrm{d}\theta=C\left[\theta-\frac{\sin2\theta}{2}\right].$$

令 $C=2A$ 以及 $2\theta=\phi$ 则可写出下面关于 x 和 z 的参数方程

$$x=A(\phi-\sin\phi),$$
$$z=A(1-\cos\phi).$$

这是摆线的参数方程. 因此，如果金属丝弯曲成摆线，则圆珠在最短时间内从(x_1,z_1)滑到(x_2,z_2).

练习 2.7 假设 $y'\neq0$，证明以下两种形式的欧拉－拉格朗日方程的等价性.

$$\frac{\partial\Phi}{\partial y}-\frac{\mathrm{d}}{\mathrm{d}x}\frac{\partial\Phi}{\partial y'}=0$$

和

$$\frac{\partial\Phi}{\partial x}-\frac{\mathrm{d}}{\mathrm{d}x}\left(\Phi-y'\frac{\partial\Phi}{\partial y'}\right)=0.$$

练习 2.8 由方程（2.13）推出方程（2.14）.

练习 2.9 确定从点$(-\pi,2)$到$(0,0)$（米）沿金属丝下滑的最短时间. 答：$\pi/\sqrt{g}$.

2.3 推广到多个因变量

前面一直考虑的是泛函形式为 $\Phi=\Phi(x,y,y')$ 的问题. 在这一节中，推广到泛函依赖于 n 个因变量 $y_1,y_2,\cdots,y_n$ 及其导数 $y'_1,y'_2,\cdots,y'_n$ 的情况. 假定这些变量是独立的㊀.

系统的泛函现在是 $\Phi(y_1,y_2,\cdots,y_n,y'_1,y'_2,\cdots,y'_n,x)$. 证明这可导出 n 个欧拉－拉格朗日方程：$\frac{\mathrm{d}}{\mathrm{d}x}\left(\frac{\partial\Phi}{\partial y'_i}\right)-\frac{\partial\Phi}{\partial y_i}=0$，$i=1,\cdots,n$. 推导过程与前一节中介绍的相似，但更具有一般性.

回想一下，目的是确定函数 $y_1(x),y_2(x),\cdots$，以最小化（或最大化）定积分

$$I=\int_{x_i}^{x_f}\Phi(y_1,\cdots,y_n,y'_1,\cdots,y'_n,x)\mathrm{d}x.$$

即想要得到函数 $y_i(x)$，使得

$$\delta I=0.$$

和前面相同，端点之间的路径数量是无限的. 在最小或真实路径无限小附近的路径可以用

$$Y_i(x)=y_i(x)+\varepsilon\eta_i(x)$$

描述. 积分 I 取决于选择的路径，因此它可以看作是 ε 的函数.

I 的变分为

$$\delta I=\delta\int_{x_i}^{x_f}\Phi\mathrm{d}x=\int_{x_i}^{x_f}\delta\Phi\mathrm{d}x=\int_{x_i}^{x_f}\sum_i\left(\frac{\partial\Phi}{\partial Y_i}\delta Y_i+\frac{\partial\Phi}{\partial Y'_i}\delta Y'_i\right)\mathrm{d}x.$$

将 Y_i 和 Y'_i 看作 ε 的函数，可写为

$$\delta I=\left(\frac{\partial I}{\partial\varepsilon}\right)_{\varepsilon=0}\mathrm{d}\varepsilon=\left[\int_{x_i}^{x_f}\sum_i\left(\frac{\partial\Phi}{\partial Y_i}\frac{\partial Y_i}{\partial\varepsilon}+\frac{\partial\Phi}{\partial Y'_i}\frac{\partial Y'_i}{\partial\varepsilon}\right)\mathrm{d}x\right]_{\varepsilon=0}\mathrm{d}\varepsilon.$$

第二项可以分部积分. [注意，这里的数学推导与从方程（2.6）到方程（2.7）的过程几乎相同.] 有

㊀ 介绍本节是为了完整起见. 本节是2.2节中描述的简单情况的推广. 读者可以跳过本节而不失连续性，但注意，本节获得的一些结果会在第3.4节中用到.

$$\int_{x_i}^{x_f} \frac{\partial \Phi}{\partial Y'_i} \frac{\partial Y'_i}{\partial \varepsilon} \mathrm{d}\varepsilon \mathrm{d}x = \int_{x_i}^{x_f} \frac{\partial \Phi}{\partial Y'_i} \frac{\partial^2 Y_i}{\partial \varepsilon \partial x} \mathrm{d}x \mathrm{d}\varepsilon = \int_{x_i}^{x_f} \frac{\partial \Phi}{\partial Y'_i} \frac{\partial}{\partial \varepsilon}\left(\frac{\partial Y_i}{\partial x}\mathrm{d}x\right)\mathrm{d}\varepsilon$$

$$= \frac{\partial \Phi}{\partial Y'_i}\frac{\partial Y_i}{\partial \varepsilon}\bigg|_{x_i}^{x_f} - \int_{x_i}^{x_f} \frac{\partial Y_i}{\partial \varepsilon} \frac{\mathrm{d}}{\mathrm{d}x} \frac{\partial \Phi}{\partial Y'_i} \mathrm{d}x \mathrm{d}\varepsilon$$

$$= - \int_{x_i}^{x_f} \frac{\partial Y_i}{\partial \varepsilon} \frac{\mathrm{d}}{\mathrm{d}x} \frac{\partial \Phi}{\partial Y'_i} \mathrm{d}x \mathrm{d}\varepsilon,$$

这里利用了$\frac{\partial Y_i}{\partial \varepsilon}\bigg|_{x_i}^{x_f}=0$，因为所有的路径都经过端点.

因此，

$$\delta I = \int_{x_i}^{x_f} \sum_i \left(\frac{\partial \Phi}{\partial Y_i} \frac{\partial Y_i}{\partial \varepsilon} - \frac{\partial Y_i}{\partial \varepsilon} \frac{\mathrm{d}}{\mathrm{d}x} \frac{\partial \Phi}{\partial Y'_i}\right)\mathrm{d}\varepsilon \mathrm{d}x$$

$$= \int_{x_i}^{x_f} \sum_i \left(\frac{\partial \Phi}{\partial Y_i} - \frac{\mathrm{d}}{\mathrm{d}x} \frac{\partial \Phi}{\partial Y'_i}\right)\frac{\partial Y_i}{\partial \varepsilon}\mathrm{d}\varepsilon \mathrm{d}x$$

$$= \int_{x_i}^{x_f} \sum_i \left(\frac{\partial \Phi}{\partial Y_i} - \frac{\mathrm{d}}{\mathrm{d}x} \frac{\partial \Phi}{\partial Y'_i}\right)\delta Y_i \mathrm{d}x.$$

当 $\varepsilon=0$ 时 由于 $y_i=y_i(x)$ 使得 I 最小化，$\delta I=0$. 故

$$[\delta I]_{\varepsilon=0} = 0 = \int_{x_i}^{x_f} \sum_i \left(\frac{\partial \Phi}{\partial y_i} - \frac{\mathrm{d}}{\mathrm{d}x} \frac{\partial \Phi}{\partial y'_i}\right)\delta y_i \mathrm{d}x. \tag{2.15}$$

由于所有的 δy_i 都独立，此表达式为零当且仅当括号中的每一项都为零. 因此，如所预料，

$$\frac{\partial \Phi}{\partial y_i} - \frac{\mathrm{d}}{\mathrm{d}x}\left(\frac{\partial \Phi}{\partial y'_i}\right) = 0,\ i=1,\cdots,n. \tag{2.16}$$

2.4 约束

变分法中的许多问题涉及约束，或者有时被称为“辅助条件”. 例如，质点可能被约束到 $z=0$ 平面或沿着特定曲线移动.

2.4.1 完整约束

首先考虑完整约束. 回忆一下第 1.4 节，完整约束是可表示为等

于零的函数的因变量之间的关系．在有约束的情况下，因变量之间并不相互独立，它们与辅助条件有关．例如，考虑由 $\Phi=\Phi(y_1,\cdots,y_n;y'_1,\cdots,y'_n;x)$ 描述的问题，其中 n 个因变量由形如

$$f_1(y_1,y_2,\cdots,y_n,x)=0,$$
$$\vdots$$
$$f_m(y_1,y_2,\cdots,y_n,x)=0$$

的 m 个约束联系在一起．每个约束减少一个自由度．如果存在 n 个相关坐标和 m 个约束，可以使用这些约束将自由度减少到 $n-m$，然后应用 $n-m$ 个欧拉－拉格朗日方程来解决问题．这在理论上很简单，但在实践中可能相当复杂．更好的方法是保留所有 n 个变量，并使用拉格朗日乘子法．现在考虑此方法．（通常称为拉格朗日 λ－法）．从约束方程的变分开始，因此，

$$\begin{cases}\delta f_1=\dfrac{\partial f_1}{\partial y_1}\delta y_1+\dfrac{\partial f_1}{\partial y_2}\delta y_2+\cdots+\dfrac{\partial f_1}{\partial y_n}\delta y_n=0,\\ \vdots\\ \delta f_m=\dfrac{\partial f_m}{\partial y_1}\delta y_1+\dfrac{\partial f_m}{\partial y_2}\delta y_2+\cdots+\dfrac{\partial f_m}{\partial y_n}\delta y_n=0.\end{cases}\tag{2.17}$$

接下来，用“未定乘子” λ_i 乘这些式子，求和得到

$$\lambda_1\delta f_1+\lambda_2\delta f_2+\cdots+\lambda_m\delta f_m=0.\tag{2.18}$$

因为每个 δf 都为零故总和为零．

函数 Φ 的变分在平稳点为零．假设 Φ 只是坐标的函数，

$$\delta\Phi=\frac{\partial\Phi}{\partial y_1}\delta y_1+\frac{\partial\Phi}{\partial y_2}\delta y_2+\cdots+\frac{\partial\Phi}{\partial y_n}\delta y_n=0.\tag{2.19}$$

方程（2.18）和方程（2.19）的和也必须为零，故有

$$\begin{aligned}0=&\frac{\partial\Phi}{\partial y_1}\delta y_1+\frac{\partial\Phi}{\partial y_2}\delta y_2+\cdots+\frac{\partial\Phi}{\partial y_n}\delta y_n+\\&\lambda_1\left(\frac{\partial f_1}{\partial y_1}\delta y_1+\frac{\partial f_1}{\partial y_2}\delta y_2+\cdots+\frac{\partial f_1}{\partial y_n}\delta y_n\right)+\cdots+\\&\lambda_m\left(\frac{\partial f_m}{\partial y_1}\delta y_1+\frac{\partial f_m}{\partial y_2}\delta y_2+\cdots+\frac{\partial f_m}{\partial y_n}\delta y_n\right).\end{aligned}\tag{2.20}$$

这个式子很复杂，因此为了阐述这个过程，假设只有一个约束．（对

m 个约束的推广留作习题.）如果只有一个约束，方程（2.18）可以写成

$$\lambda\delta f=\lambda\left(\frac{\partial f}{\partial y_1}\delta y_1+\frac{\partial f}{\partial y_2}\delta y_2+\cdots+\frac{\partial f}{\partial y_n}\delta y_n\right)=0, \tag{2.21}$$

而方程（2.20）化简为

$$\frac{\partial\Phi}{\partial y_1}\delta y_1+\frac{\partial\Phi}{\partial y_2}\delta y_2+\cdots+\frac{\partial\Phi}{\partial y_n}\delta y_n+$$
$$\lambda\left(\frac{\partial f}{\partial y_1}\delta y_1+\frac{\partial f}{\partial y_2}\delta y_2+\cdots+\frac{\partial f}{\partial y_n}\delta y_n\right)=0.$$

重新排列得

$$\sum_{i=1}^{n}\left(\frac{\partial\Phi}{\partial y_i}+\lambda\frac{\partial f}{\partial y_i}\right)\delta y_i=0.$$

既然 λ 是任意的，那么可以自由地给它赋予任何想要的值. 选取 λ 使得和的第 n 项为零. 也就是说，通过令

$$\frac{\partial\Phi}{\partial y_n}+\lambda\frac{\partial f}{\partial y_n}=0, \tag{2.22}$$

则求和的第 n 项就被去掉了，剩下的就是

$$\sum_{i=1}^{n-1}\left(\frac{\partial\Phi}{\partial y_i}+\lambda\frac{\partial f}{\partial y_i}\right)\delta y_i=0.$$

现在所有的 δy 都是独立的，并且只有当每个变分 $\delta y_i(i=1,\cdots,n-1)$ 的系数为零时，和才是零. 即

$$\frac{\partial\Phi}{\partial y_i}+\lambda\frac{\partial f}{\partial y_i}=0,\ i=1,2,\cdots,n-1. \tag{2.23}$$

注意，这里并没有消除任何变量. 将方程（2.22）和方程（2.23）相加，得到

$$\delta\Phi+\lambda\delta f=0.$$

这可以写为

$$\delta(\Phi+\lambda f)=0. \tag{2.24}$$

因为 $f=0$，$\delta(\lambda f)=f\delta\lambda+\lambda\delta f=\lambda\delta f$.

方程(2.24)表明,对于广义坐标中的任意变化,$\Phi+\lambda f$ 的变分为零. 因此,可以对这个问题重新进行阐述. 最初有 $\delta\Phi=0$,受约束 $f(y_1\cdots$

$y_n) = 0$，但现在有 $\delta(\Phi + \lambda f) = 0$，对坐标没有约束. 原始问题有 $n-1$个自由度，而重新表述的问题将所有坐标视为无约束，并引入另一个变量 λ，给出 $n+1$ 个自由度. 进一步注意到，$\delta(\Phi + \lambda f) = 0$ 产生 n 个方程，而$f=0$ 是另一个方程，因此，现在对 $n+1$ 个未知数有 $n+1$ 个方程.

例 2.3 举一个验证上述内容的非常简单的例子. 考虑平面 $\Phi(x,y) = x + y$. $x-y$ 平面上的圆投影到 Φ 平面上，如图 2.5 所示. 给定约束$(x-2)^2 + (y-2)^2 = 1$，确定投影圆距离原点的最远和最近点的位置.

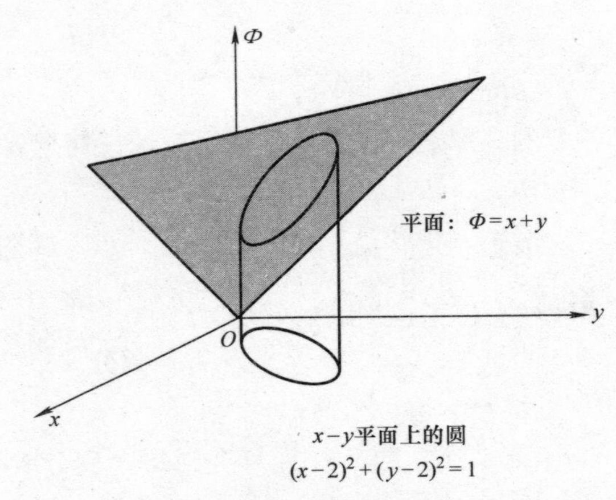

图 2.5 $x-y$ 平面上的圆向上投影到阴影平面上

解 2.3 给定

$$\Phi(x,y) = x + y,$$

$$f(x,y) = (x-2)^2 + (y-2)^2 - 1 = 0,$$

将条件

$$\delta(\Phi + \lambda f) = 0$$

代入欧拉 - 拉格朗日方程中，得下面三个方程：

$$\frac{\partial}{\partial x}(\Phi + \lambda f) = 0 \Rightarrow 1 + \lambda(2(x-2)) = 0,$$

$$\frac{\partial}{\partial y}(\Phi+\lambda f)=0 \Rightarrow 1+\lambda(2(y-2))=0,$$

$$\frac{\partial}{\partial \lambda}(\Phi+\lambda f)=0 \Rightarrow (x-2)^2+(y-2)^2-1=0.$$

第三个方程就是约束. 第一和第二个方程可以解出 λ. 令 λ 的两个表达式相等可得

$$\frac{1}{2x-4}=\frac{1}{2y-4},$$

推出 $x=y$. 将其代入第三个方程得

$$2(x-2)^2=1,$$

从而

$$x=2\pm 1/\sqrt{2}.$$

因此，极值点在

$$(1.29, 1.29)\text{和}(2.71, 2.71).$$

2.4.2 非完整约束

1. 微分约束

假设约束不是变量之间的代数关系，而是微分关系. 例如，“无滑移滚动”约束表示为线性位移和角位移之间的关系

$$\mathrm{d}s=r\mathrm{d}\theta.$$

除以 $\mathrm{d}t$，会发现这不是坐标而是速度之间的关系. 显然，如果能把微分之间的关系积分出来，则会得到完整的约束，就可以像前面一样处理. 如果约束是真正的非完整约束，也并不是没有指望，因为对于某些非完整约束，可以应用上面描述的拉格朗日 λ - 法.

假设约束的表达形式为

$$A_1\delta y_1+A_2\delta y_2+\cdots+A_n\delta y_n=0.$$

这里需要注意两件事. 首先，方程（2.17）中出现的偏导数被系数 A_i 替换，它们是因变量的函数，但不是某些函数的导数. 其次，这里不能消除一个变量，因为没有需要利用其他变量消除一个变量的方程. 尽管如此，拉格朗日 λ - 法仍然可以应用. 定义 δf:

$$\delta f=A_1\delta y_1+A_2\delta y_2+\cdots+A_n\delta y_n=0.$$

将 δf 乘以 λ 并将其加到 Φ 的变分中：

$$\delta\Phi+\lambda\delta f=0.$$

现在，再一次地将 y_i 视为独立变量来处理.

如果辅助条件是时间依赖性的（流变性的），那么处理起来就要更复杂一点，本书不会考虑. 感兴趣的学生可以阅读 Lanczos[㊀]第 2.13 节进行简要讨论.

2. 等周约束

有些约束表示为积分. 这种约束被称为“等周条件”，因为这种类型的最著名的问题是求包围最大面积的给定周长的曲线的“狄朵女王”问题[㊁]. 一般来说，约束由具有给定值的定积分给出，因此，

$$\int_{x_1}^{x_2} f(x,y,y')\,\mathrm{d}x = C, \tag{2.25}$$

其中 C 是已知的. 这种问题可以用拉格朗日 λ - 法来解决.

假设需要最大化的积分是

$$I = \int_{x_1}^{x_2} \Phi(x,y,y')\,\mathrm{d}x. \tag{2.26}$$

为了简单起见，考虑受到单一约束的系统. ［对形如式（2.25）的几个约束条件的推广是显而易见的.］条件（2.25）的变分是

$$\delta\int_{x_1}^{x_2} f(x,y,y')\,\mathrm{d}x = \int_{x_1}^{x_2}\left(\frac{\partial f}{\partial y}\delta y + \frac{\partial f}{\partial y'}\delta y'\right)\mathrm{d}x = 0. \tag{2.27}$$

将方程（2.27）乘以待定常数 λ，并将其加到 δI 中，得到

$$\delta\int_{x_1}^{x_2}(\Phi+\lambda f)\,\mathrm{d}x = 0.$$

因此，拉格朗日 λ - 法意味着积分

$$\int_{x_1}^{x_2}(\Phi+\lambda f)\,\mathrm{d}x$$

是平稳的，因此被积函数满足欧拉 - 拉格朗日方程.

㊀ Lanczos, op. cit.

㊁ 传说狄朵女王从她哥哥那里逃出来去了迦太基. 她提出要买土地，但镇上的统治者傲慢地告诉她，她只能拥有装在一只牛的皮里的那么多的土地. 狄朵把她能找到的最大的牛的皮割成尽可能窄的一条带子. 问题是要证明，给到带子的长度，使最大的区域被一个圆包围.

注意，函数的约束和积分有相同的积分上下限.

例 2.4 确定包围最大面积的长度为 L 的曲线的形状.

解 2.4 回顾微积分中，曲线 C 所包围的面积由下式给出：

$$\text{面积} = A = \frac{1}{2}\oint_C (x\mathrm{d}y - y\mathrm{d}x) = \frac{1}{2}\oint_C \mathrm{d}\Phi.$$

把 x 和 y 参数化表示为 $x(t)$ 和 $y(t)$，可写成

$$A = \frac{1}{2}\oint_C \left(x\frac{\mathrm{d}y}{\mathrm{d}t} - y\frac{\mathrm{d}x}{\mathrm{d}t}\right)\mathrm{d}t = \frac{1}{2}\oint_C (xy' - yx')\mathrm{d}t.$$

（这里 t 只是参数，而不是时间.）曲线长度为 L 的约束表示为

$$f = \oint_C \sqrt{x'^2 + y'^2}\mathrm{d}t - L = 0.$$

注意 $\Phi = \Phi(x, y, x', y', t)$ 以 t 为独立参数. 由于 $\Phi + \lambda f$ 是平稳的，满足如下欧拉－拉格朗日方程

$$\frac{\partial(\Phi + \lambda f)}{\partial x} - \frac{\mathrm{d}}{\mathrm{d}t}\left[\frac{\partial(\Phi + \lambda f)}{\partial x'}\right] = 0,$$

$$\frac{\partial(\Phi + \lambda f)}{\partial y} - \frac{\mathrm{d}}{\mathrm{d}t}\left[\frac{\partial(\Phi + \lambda f)}{\partial y'}\right] = 0,$$

得

$$\frac{1}{2}y' - \frac{\mathrm{d}}{\mathrm{d}t}\left[-\frac{1}{2}y + \frac{\lambda x'}{\sqrt{x'^2 + y'^2}}\right] = 0,$$

$$-\frac{1}{2}x' - \frac{\mathrm{d}}{\mathrm{d}t}\left[\frac{1}{2}x + \frac{\lambda y'}{\sqrt{x'^2 + y'^2}}\right] = 0.$$

积分得

$$\frac{1}{2}y + \frac{1}{2}y - \frac{\lambda x'}{\sqrt{x'^2 + y'^2}} = C_2,$$

$$-\frac{1}{2}x + \frac{1}{2}x - \frac{\lambda y'}{\sqrt{x'^2 + y'^2}} = -C_1.$$

这里 C_1 和 C_2 为积分常数. 重新排列后可写为

$$y - C_2 = \frac{\lambda x'}{\sqrt{x'^2 + y'^2}},$$

$$x - C_1 = -\frac{\lambda y'}{\sqrt{x'^2 + y'^2}}.$$

因此，平方相加得

$$(x - C_1)^2 + (y - C_2)^2 = \frac{\lambda^2}{x'^2 + y'^2}(x'^2 + y'^2) = \lambda^2,$$

即以(C_1, C_2)为圆心，λ 为半径的圆.

2.5 习题

2.1 将拉格朗日 λ－法推广到具有 n 个坐标和 m 个约束（$m < n$）的系统，并证明如果 $\Phi = \Phi(y_i, x)$，

$$\delta(\Phi + \lambda_1 f_1 + \cdots + \lambda_m f_m) = 0,$$

上式中，所有的 λ 是从

$$\frac{\partial \Phi}{\partial y_i} + \lambda_1 \frac{\partial f_1}{\partial y_i} + \cdots + \lambda_m \frac{\partial f_m}{\partial y_i} = 0,\ i = n - m + 1, \cdots, n$$

得出.

2.2 确定给出圆锥表面两点间最短距离的曲线方程. 设 $r^2 = x^2 + y^2$ 且 $z = r\cot\alpha$.

2.3 确定圆柱（$r = 1 + \cos\theta$）表面两点间的最短曲线方程.

2.4 考虑给定高度的旋转固体. 若有关于其轴的最小转动惯量，确定固体的形状.

2.5 考虑端点变动的变分问题.（a）令

$$I = \int_a^b \Phi(x, y, y')\mathrm{d}x,$$

这里 $y(b)$是任意的. 证明

$$\delta I = \eta \frac{\partial \Phi}{\partial y'}\bigg|_a^b + \int_a^b \left(\frac{\partial \Phi}{\partial y} - \frac{\mathrm{d}}{\mathrm{d}x}\frac{\partial \Phi}{\partial y'}\right)\eta \mathrm{d}x,$$

具有约束条件

$$\frac{\partial \Phi}{\partial y'}\bigg|_{x=b} = 0.$$

（b）假设 y 在 $x = a$ 固定，但另一个终点可以位于曲线 $g(x, y) =$

0 的任何位置. 证明除了欧拉-拉格朗日条件外，我们还有

$$\left(\Phi - y'\frac{\partial \Phi}{\partial y'}\right)\frac{\partial g}{\partial y} - \frac{\partial \Phi}{\partial y'}\frac{\partial g}{\partial x} = 0.$$

2.6 从 a 点到 b 点在地球中挖无摩擦隧道，在重力作用下，落在洞口的物体会滑过隧道，以零速度从另一端冒出. 地球内部某一点的重力势是 $\phi = -Gm_s/r$，其中 m_s 是由半径为 r 的球体所包围的物质的质量（我们假设地球密度为常数）. 使用极坐标并找到将时间 $\int \mathrm{d}t$ 最小化的路径方程. 确定运输时间[㊀]. （见图 2.6）

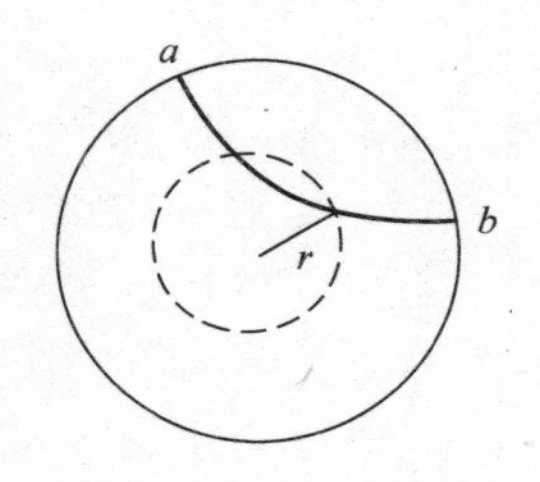

图 2.6 用于地球上的两个点之间的快速运输的无摩擦隧道

2.7 两个半径为 a 的环相距 $2b$. （环的中心沿着同一条线，环的平面垂直于这条线.）找出在环之间形成的表面积最小的肥皂膜的形状.

2.8 质量为 m 的质点处于由

$$\boldsymbol{F} = -G\frac{Mm}{r^2}\hat{\boldsymbol{r}}$$

给出的二维力场中. 质点从一点落到另一点所需的最短时间的曲线是微分方程

$$\frac{\mathrm{d}r}{\mathrm{d}\theta} = f(r)$$

的解. 求 $f(r)$.

2.9 考虑函数

$$f(x,y,z) = x^2 + 2y^2 + 3z^2 + 2xy + 2xz,$$

满足条件

$$x^2 + y^2 + z^2 = 1.$$

则 $f(x,y,z)$ 的最小值是多少?

㊀ 参考 P. W. Cooper, Through the Earth in forty minutes, Am. J. Phys., 34, 68 (1966) 和 G. Venezian, Terrestrial brachistochrone, Am. J. Phys., 34, 701 (1966).

2.10 折射率为 n 的介质中的光速为 $v=c/n=\mathrm{d}s/\mathrm{d}t$. 光从 A 点到 B 点的时间是

$$\int_A^B \frac{\mathrm{d}s}{v}.$$

利用关于最小时间的费马原理得到反射定律和折射定律（斯内尔定律）. 利用极坐标，证明如果 n 与 $1/r^2$ 成比例，那么光线路径由 $\sin(\theta+c)=kr$给出，其中 c 和 k 是常数.

2.11 （“牛顿问题”）考虑从原点到第一象限 B 点之间的曲线绕 x 轴旋转所产生的旋转固体. 如果使得固体上的空气阻力最小，如何确定该曲线的形状.（固体向左边移动）艾萨克·牛顿假设阻力是由下面的表达式给出：

$$2\pi\rho V^2\int y\sin^2\Psi\mathrm{d}y,$$

式中 $\tan\Psi=y'=$曲线的斜率，ρ 是空气密度，V^2 是速度.（这不是很好的空气阻力表达式，但我们假设它是正确的.）求使积分最小化的表达式.

2.12 确定横轴上连接点 x_1 和 x_2 的长度为 l 的曲线，以使曲线和 x 轴包围的面积最大化.

2.13 确定圆柱体的形状（即半径与高度之比），以使给定体积的表面积最小化.

第3章 拉格朗日动力学

本章介绍拉格朗日动力学. 首先考虑达朗贝尔原理，然后从中导出拉格朗日运动方程. 下面将详细讨论虚功. 然后给出哈密顿原理，并用它对拉格朗日方程进行二次推导. （这类似于第2章中欧拉－拉格朗日方程的推导.）应注意，哈密顿原理是分析力学的基本原理. 它看似简单，实则深刻. 然后考虑如何确定约束力，最后讨论拉格朗日方程的不变性.

3.1 达朗贝尔原理与拉格朗日方程的推导

回顾一下，拉格朗日运动方程是

$$\frac{\mathrm{d}}{\mathrm{d}t}\frac{\partial L}{\partial \dot{q}_i}-\frac{\partial L}{\partial q_i}=0,\ i=1,2,\cdots,n. \tag{3.1}$$

在本节中，我们提出基于达朗贝尔原理的拉格朗日方程的简单推导.

在某种意义上，这一原理是对牛顿第二定律的重新表述，但它的表达方式使其成为高级力学中非常有用的概念. 对于由 N 个质点组成的系统，达朗贝尔原理是

$$\sum_{\alpha=1}^{N}(\boldsymbol{F}_{\alpha}^{ext}-\dot{\boldsymbol{p}}_{\alpha})\cdot\delta\boldsymbol{r}_{\alpha}=0, \tag{3.2}$$

式（3.2）中 $\boldsymbol{F}_{\alpha}^{ext}$ 是作用于质点 α 的外力，$\dot{\boldsymbol{p}}_{\alpha}$ 是质点动量关于时间的变化率. 根据牛顿第二定律，很明显括号中的项是零. 因此，将这个项乘以 $\delta\boldsymbol{r}_{\alpha}$ 不会发生变化. 此外，对所有质点求和只是等于零的所有项的和. 因此，表达式等于零显然是正确的. 还不太明显的是，为什么这个特定的公式会有用处.

首先用笛卡儿坐标表示达朗贝尔原理，然后变换为广义坐标. 对于 N 个质点，有 $n=3N$ 个笛卡儿坐标，可以用标量形式表示达朗贝尔

原理：

$$\sum_{i=1}^{n}(F_i^{ext}-\dot{p}_i)\delta x_i=0. \tag{3.3}$$

如果有 n 个笛卡儿坐标和 k 个约束，可以（原则上）用 $n-k$ 个广义坐标表示

此问题. 变换方程为

$$\begin{cases}x_1=x_1(q_1,q_2,\cdots,q_{n-k},t),\\x_2=x_2(q_1,q_2,\cdots,q_{n-k},t),\\\quad\vdots\\x_n=x_n(q_1,q_2,\cdots,q_{n-k},t).\end{cases}$$

注意到，虽然有 n 个笛卡儿坐标 x_i，但只有 $n-k$ 个广义坐标，因为每一个约束减少一个自由度，从而减少了广义坐标的个数.

式（3.2）中的 $\delta\boldsymbol{r}_i$ 或式（3.3）中的 δx_i 是虚位移. 根据方程(1.9)，

$$\delta x_i=\sum_{j=1}^{n-k}\frac{\partial x_i}{\partial q_j}\delta q_j.$$

因此，达朗贝尔原理中的第一项可写成

$$\sum_i F_i^{ext}\delta x_i=\sum_i F_i^{ext}\left(\sum_j\frac{\partial x_i}{\partial q_j}\delta q_j\right)=\sum_{i,j}\left(F_i^{ext}\frac{\partial x_i}{\partial q_j}\right)\delta q_j=\sum_j Q_j\delta q_j.$$

最后一项是“虚功”.（这是在虚位移期间完成的功. 见第 1.6 节.）

其次考虑达朗贝尔原理中的另一项，即 $\dot{p}_i\delta x_i$：

$$\sum_i^n\dot{p}_i\delta x_i=\sum_i^n\dot{p}_i\sum_j^{n-k}\frac{\partial x_i}{\partial q_j}\delta q_j=\sum_i^n m_i\ddot{x}_i\sum_j^{n-k}\frac{\partial x_i}{\partial q_j}\delta q_j,$$

这里假设质点的质量是常数. 但

$$\frac{\mathrm{d}}{\mathrm{d}t}\left(m_i\dot{x}_i\frac{\partial x_i}{\partial q_j}\right)=m_i\ddot{x}_i\frac{\partial x_i}{\partial q_j}+m_i\dot{x}_i\frac{\mathrm{d}}{\mathrm{d}t}\frac{\partial x_i}{\partial q_j}.$$

回顾方程（1.7）：

$$\frac{\partial x_i}{\partial q_j}=\frac{\dot{x}_i}{\partial\dot{q}_j},$$

并进一步注意到前一个方程的最后一项包含表达式

$$\frac{\mathrm{d}}{\mathrm{d}t}\frac{\partial x_i}{\partial q_j}=\frac{\partial v_i}{\partial q_j}=\frac{\partial \dot{x}_i}{\partial q_j}.$$

因此，

$$\begin{aligned}\sum_i \dot{p}_i \delta x_i &= \sum_{i,j}\left[\frac{\mathrm{d}}{\mathrm{d}t}\left(m_i\dot{x}_i\frac{\partial x_i}{\partial q_j}\right]-m_i\dot{x}_i\frac{\partial \dot{x}_i}{\partial q_j}\right]\delta q_j\\ &= \sum_{i,j}\left[\frac{\mathrm{d}}{\mathrm{d}t}\left(m_i\dot{x}_i\frac{\partial \dot{x}_i}{\partial \dot{q}_j}\right]-m_i\dot{x}_i\frac{\partial \dot{x}_i}{\partial q_j}\right]\delta q_j.\end{aligned}$$

但

$$\frac{\partial T}{\partial q_j}=\frac{\partial}{\partial q_j}\sum_i\left(\frac{1}{2}m_i\dot{x}_i^2\right)=\sum_i m_i\left(\dot{x}_i\frac{\partial \dot{x}_i}{\partial q_j}\right),$$

及

$$\frac{\partial T}{\partial \dot{q}_j}=\frac{\partial}{\partial \dot{q}_j}\sum_i\left(\frac{1}{2}m_i\dot{x}_i^2\right)=\sum_i m_i\left(\dot{x}_i\frac{\partial \dot{x}_i}{\partial \dot{q}_j}\right),$$

故最后有

$$\sum_i \dot{p}_i\delta x_i=\sum_j\left[\frac{\mathrm{d}}{\mathrm{d}t}\frac{\partial T}{\partial \dot{q}_j}-\frac{\partial T}{\partial q_j}\right]\delta q_j,$$

且达朗贝尔原理变为

$$\begin{aligned}\sum_{i=1}^{n}(F_i^{ext}-\dot{p}_i)\delta x_i &= \sum_j Q_j\delta q_j-\sum_j\left[\frac{\mathrm{d}}{\mathrm{d}t}\frac{\partial T}{\partial \dot{q}_j}-\frac{\partial T}{\partial q_j}\right]\delta q_j=0,\\ 0 &= \sum_j\left(Q_j-\frac{\mathrm{d}}{\mathrm{d}t}\frac{\partial T}{\partial \dot{q}_j}+\frac{\partial T}{\partial q_j}\right)\delta q_j.\end{aligned}$$

因为 δq_j 是独立的，所以级数中的每一项都必须等于零，所以

$$\frac{\mathrm{d}}{\mathrm{d}t}\frac{\partial T}{\partial \dot{q}_j}-\frac{\partial T}{\partial q_j}=Q_j. \tag{3.4}$$

这称为拉格朗日方程的尼尔森形式. 因此，从广义力和动能的角度推导了拉格朗日方程. 如果广义力是从独立于广义速度的势能导出的，可以写作 $Q_j=-\partial V/\partial q_j$，因此，

$$\frac{\mathrm{d}}{\mathrm{d}t}\frac{\partial T}{\partial \dot{q}_j}-\frac{\partial T}{\partial q_j}=-\frac{\partial V}{\partial q_j}.$$

即

$$\frac{\mathrm{d}}{\mathrm{d}t}\frac{\partial(T-V)}{\partial \dot{q}_j}-\frac{\partial(T-V)}{\partial q_j}=0.$$

这就得出了拉格朗日方程的常见形式：

$$\frac{\mathrm{d}}{\mathrm{d}t}\frac{\partial L}{\partial \dot{q}_j}-\frac{\partial L}{\partial q_j}=0. \tag{3.5}$$

方程（3.4）和方程（3.5）是拉格朗日方程的等价表达式.

练习 3.1 使用尼尔森形式，确定连接到弹性常数为 k 的质量为 m 的弹簧的运动方程.

练习 3.2 使用尼尔森形式，确定绕太阳运行的行星的运动方程. $\left(\text{答：} m\ddot{r}-mr\dot{\theta}^2=-\dfrac{GMm}{r^2}\text{和 } mr\ddot{\theta}+2m\dot{r}\dot{\theta}=0.\right)$

3.2 哈密顿原理

由 N 个质点组成的力学系统可以用 $n=3N$ 个笛卡儿坐标来描述. 所有这些坐标可能不独立. 如果存在 k 个约束方程，则独立坐标的数目为 $n-k$. 在给定时间点的所有坐标值的集合称为当时系统的位形. 也就是说，位形由 $\{q_1, q_2, \cdots, q_{n-k}\}$ 给出. 假设所有的广义坐标都可以独立变动.（当考虑如何确定约束力时，将用不完全独立的广义坐标来表示问题. 但现在，请记住所有的 q_i 都是独立的.）

回想一下，系统可以表示为（$n-k$）维空间中的点，称为位形空间. 随着时间的推移，质点的坐标将连续变化，描述系统的点将在位形空间中移动. 当系统从初始位形到最终位形时，该点会追踪位形空间中的路径或轨迹. 显然，在初始点和最终点之间有无限多种路径. 然而，机械系统总是在这两点之间走一条特定的路径. 实际走的路径有什么特别之处？哈密顿原理解决了这个问题. 它指出系统所采取的路径是使"作用"最小化的路径. 机械系统的作用定义为线积分：

$$I=\int_{t_1}^{t_2} L\mathrm{d}t, \tag{3.6}$$

这里

$$L=L(q_1, q_2, \cdots, q_{n-k}; \dot{q}_1, \dot{q}_2, \cdots, \dot{q}_{n-k}; t)$$

是系统的拉格朗日量，积分的上下限 t_1 和 t_2 是过程的初始和最终时

间. 哈密顿原理告诉我们，系统的作用使此积分最小化. 因此，此积分的变分为零. 在方程形式中，哈密顿原理是

$$\delta\int_{t_1}^{t_2} L\mathrm{d}t = 0. \tag{3.7}$$

要解释这种关系，请想象一个位形空间以及如图 3.1 所示的某个过程的初始点和最终点. 图中显示了端点 i 和 f 之间的多条路径. 假设其中一条路径是最小化作用的路径.（这是“真”路径.）然后，沿着该路径，$\delta\int_{t_1}^{t_2} L\mathrm{d}t = 0$. 此积分是系统实际遵循的路径的最小值，并且沿着任何其他路径作用的值将更大.

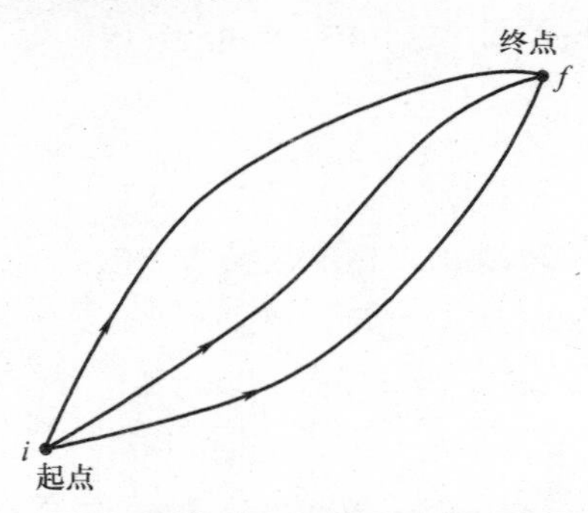

图 3.1　位形空间中的三条路径

3.3　拉格朗日方程的推导

现在可以从哈密顿原理推导拉格朗日方程，首先认识到变量从 $\Phi(x,y,y')$ 到 $L(t,q,\dot{q})$ 的简单变化可以使哈密顿原理几乎无难度地重新表述为变分法的语言. 通过哈密顿原理可知，机械系统将遵循位形空间中的路径 $q=q(t)$，使得积分

$$\int_{t_i}^{t_f} L(t,q,\dot{q})\,\mathrm{d}t$$

最小化.（注意这里的拉格朗日量是泛函.）现在如果 $q=q(t)$ 是最小路径，那么 L 必须满足欧拉 - 拉格朗日方程

$$\frac{\mathrm{d}}{\mathrm{d}t}\left(\frac{\partial L}{\partial \dot{q}}\right) - \frac{\partial L}{\partial q} = 0. \tag{3.8}$$

习惯上把这个方程简单地称为“拉格朗日的”方程. 它可以很容易地推广到由任意数量的广义坐标描述的系统.

练习 3.3 证明从方程（3.7）可以得出方程（3.8）. 以第 2.2 节中给出的证明过程作为参考.

3.4 推广到多个坐标

考虑由广义坐标 $q_1, q_2, \cdots, q_n$ 描述的系统. 假设坐标都是独立的，这个系统的拉格朗日量是 $L(q_1, q_2, \cdots, q_n, \dot{q}_1, \dot{q}_2, \cdots, \dot{q}_n, t)$. 通过哈密顿原理来证明形如

$$\frac{\mathrm{d}}{\mathrm{d}t}\left(\frac{\partial L}{\partial \dot{q}_i}\right) - \frac{\partial L}{\partial q_i} = 0,\ i = 1, \cdots, n$$

的拉格朗日的方程. 推导过程与第 2.3 节类似.

回顾变分函数的定义. 如果

$$f = f(q_i, \dot{q}_i, t),$$

则

$$\delta f = \sum_i \left[\left(\frac{\partial f}{\partial q_i}\right)\delta q_i + \left(\frac{\partial f}{\partial \dot{q}_i}\right)\delta \dot{q}_i\right].$$

注意，在该表达式中，时间被假定为常量.

再次考虑方程（3.7）形式的哈密顿原理，即

$$\delta\int_{t_1}^{t_2} L\mathrm{d}t = \delta\int_{t_1}^{t_2} L(q_1, q_2, \cdots, q_n, \dot{q}_1, \dot{q}_2, \cdots, \dot{q}_n, t)\,\mathrm{d}t = 0,$$

或

$$\delta I = 0,$$

其中，作用由 I 表示，沿着物理系统实际的“路径”取积分. 注意，对于该路径，作用的变分是零. 然而，和以前一样，端点之间可能有无限多种路径，用下面的形式表示它们：

$$Q_i(t) = q_i(t) + \varepsilon\eta_i(t).$$

在这种情况下，可以将该作用视为 ε 的函数. 拉格朗日量 L 是 Q_i，$\dot{Q}_i$ 和（间接的是）ε 的函数. 因此，作用的变分为

$$\delta I=\int_{t_1}^{t_2}\delta L\mathrm{d}t=\int_{t_1}^{t_2}\sum_i\left(\frac{\partial L}{\partial Q_i}\delta Q_i+\frac{\partial L}{\partial \dot{Q}_i}\delta \dot{Q}_i\right)\mathrm{d}t.$$

注意到 Q_i 和 $\dot{Q}_i$ 是 ε 的函数，可以写为

$$\delta I=\frac{\partial I}{\partial \varepsilon}\mathrm{d}\varepsilon=\int_{t_1}^{t_2}\sum_i\left(\frac{\partial L}{\partial Q_i}\frac{\partial Q_i}{\partial \varepsilon}\mathrm{d}\varepsilon+\frac{\partial L}{\partial \dot{Q}_i}\frac{\partial \dot{Q}_i}{\partial \varepsilon}\mathrm{d}\varepsilon\right)\mathrm{d}t.$$

第二项可分部积分. ［注意，这里的数学推导过程几乎与从方程（2.6）到方程（2.7）的过程相同.］有

$$\begin{aligned}\int_{t_1}^{t_2}\frac{\partial L}{\partial \dot{Q}_i}\frac{\partial \dot{Q}_i}{\partial \varepsilon}\mathrm{d}\varepsilon\mathrm{d}t&=\int_{t_1}^{t_2}\frac{\partial L}{\partial \dot{Q}_i}\frac{\partial^2 Q_i}{\partial \varepsilon\partial t}\mathrm{d}t\mathrm{d}\varepsilon=\int_{t_1}^{t_2}\frac{\partial L}{\partial \dot{Q}_i}\frac{\partial}{\partial \varepsilon}\left(\frac{\partial Q_i}{\partial t}\mathrm{d}t\right)\mathrm{d}\varepsilon\\&=\frac{\partial L}{\partial \dot{Q}_i}\frac{\partial Q_i}{\partial \varepsilon}\bigg|_{t_1}^{t_2}-\int_{t_1}^{t_2}\frac{\partial Q_i}{\partial \varepsilon}\frac{\mathrm{d}}{\mathrm{d}t}\frac{\partial L}{\partial \dot{Q}_i}\mathrm{d}t\mathrm{d}\varepsilon\\&=-\int_{t_1}^{t_2}\frac{\partial Q_i}{\partial \varepsilon}\frac{\mathrm{d}}{\mathrm{d}t}\frac{\partial L}{\partial \dot{Q}_i}\mathrm{d}t\mathrm{d}\varepsilon.\end{aligned}$$

这里使用了$\frac{\partial Q_i}{\partial \varepsilon}\Big|_{t_1}^{t_2}=0$ 这个事实，因为所有曲线都通过端点.

因此，

$$\begin{aligned}\delta I&=\int_{t_1}^{t_2}\sum_i\left(\frac{\partial L}{\partial Q_i}\frac{\partial Q_i}{\partial \varepsilon}-\frac{\partial Q_i}{\partial \varepsilon}\frac{\mathrm{d}}{\mathrm{d}t}\frac{\partial L}{\partial \dot{Q}_i}\right)\mathrm{d}\varepsilon\mathrm{d}t\\&=\int_{t_1}^{t_2}\sum_i\left(\frac{\partial L}{\partial Q_i}-\frac{\mathrm{d}}{\mathrm{d}t}\frac{\partial L}{\partial \dot{Q}_i}\right)\frac{\partial Q_i}{\partial \varepsilon}\mathrm{d}\varepsilon\mathrm{d}t\\&=\int_{t_1}^{t_2}\sum_i\left(\frac{\partial L}{\partial Q_i}-\frac{\mathrm{d}}{\mathrm{d}t}\frac{\partial L}{\partial \dot{Q}_i}\right)\delta Q_i\mathrm{d}t.\end{aligned}$$

当 $\varepsilon=0$ 时，$\delta I=0$，因为 I 沿路径 $q_i=q_i(t)$ 最小化. 所以

$$[\delta I]_{\varepsilon=0}=0=\int_{t_1}^{t_2}\sum_i\left(\frac{\partial L}{\partial q_i}-\frac{\mathrm{d}}{\mathrm{d}t}\frac{\partial L}{\partial \dot{q}_i}\right)\delta q_i\mathrm{d}t. \tag{3.9}$$

由于 δq_i 是独立的，所以这个表达式为零当且仅当括号中的所有项都为零. 因此证明了拉格朗日的方程.

3.5 约束和拉格朗日 λ－法

现在应用第 2.4.1 节的拉格朗日 λ－法来确定作用于系统的约

束力.

令系统由 n 个广义坐标 $q_1, q_2, \cdots, q_n$ 来描述，进一步假设系统受 k 个完整约束，因此存在将坐标联系起来的 k 个方程. 显然，并不是所有的广义坐标都是独立的，所以我们可以使用 k 个约束方程将广义坐标的数量减少到 $n-k$. 但是，目前更倾向于使用所有 n 个坐标.

系统的行为用哈密顿原理

$$\delta I = \delta\int_{t_1}^{t_2} L\mathrm{d}t = 0,$$

以及 k 个约束方程

$$f_j(q_1, q_2, \cdots, q_n) = 0,\ j = 1, \cdots, k \tag{3.10}$$

描述. 如果所有的坐标都是独立的，由哈密顿原理将得到形如

$$\frac{\mathrm{d}}{\mathrm{d}t}\left(\frac{\partial L}{\partial \dot{q}_i}\right) - \frac{\partial L}{\partial q_i} = 0,\ i = 1, \cdots, n \tag{3.11}$$

的 n 个方程. 但是还不能这样写，因为如方程（3.9）后面所述，这个结果的成立取决于所有的 δq 是独立的.

方程（3.10）表示完整约束. 因此

$$\delta f_j = \frac{\partial f_j}{\partial q_1}\delta q_1 + \frac{\partial f_j}{\partial q_2}\delta q_2 + \cdots + \frac{\partial f_j}{\partial q_n}\delta q_n = 0.$$

即

$$\sum_{i=1}^{n} \frac{\partial f_j}{\partial q_i}\delta q_i = 0,\ j = 1, \cdots, k. \tag{3.12}$$

这里的系数$\partial f_j/\partial q_i$ 是 q_i 的函数. 如果方程（3.12）成立，那么将其乘以某个量，称之为 λ_j，将没有任何变化，因此可以将其写为

$$\lambda_j \sum_{i=1}^{n} \frac{\partial f_j}{\partial q_i}\delta q_i = 0.$$

这里的 λ 都是未定乘子. 共有 k 个这样的方程，把它们加在一起仍然会得到零，所以

$$\sum_{j=1}^{k} \lambda_j \sum_{i=1}^{n} \frac{\partial f_i}{\partial q_i}\delta q_i = 0.$$

此外，可以从 t_i 到 t_f 积分，但仍然不会改变值为零的事实. 这就得到有用的关系式

$$\int_{t_i ㊁}^{t_f ㊀} \mathrm{d}t \left(\sum_{j=1}^{k} \lambda_j \sum_{i=1}^{n} \frac{\partial f_j}{\partial q_i} \delta q_i \right) = 0. \tag{3.13}$$

方程（3.9）可改写为

$$\int_{t_i}^{t_f} \mathrm{d}t \sum_i \left(\frac{\partial L}{\partial q_i} - \frac{\mathrm{d}}{\mathrm{d}t} \frac{\partial L}{\partial \dot{q}_i} \right) \delta q_i = 0. \tag{3.14}$$

将方程（3.13）和方程（3.14）相加，得到

$$\int_{t_i}^{t_f} \mathrm{d}t \sum_i \left(\frac{\partial L}{\partial q_i} - \frac{\mathrm{d}}{\mathrm{d}t} \frac{\partial L}{\partial \dot{q}_i} + \sum_{j=1}^{k} \lambda_i \frac{\partial f_j}{\partial q_i} \right) \delta q_i = 0. \tag{3.15}$$

δq 并不都是独立的，它们通过 k 个约束方程联系在一起. 但是，其中 $n-k$ 个是独立的，对于这些坐标，方程（3.15）中括号中的项必须为零. 对于剩余的 k 个方程，可以选择未确定的乘子 λ_j，使得

$$\frac{\partial L}{\partial q_i} - \frac{\mathrm{d}}{\mathrm{d}t} \frac{\partial L}{\partial \dot{q}_i} + \sum_{j=1}^{k} \lambda_j \frac{\partial f_j}{\partial q_i} = 0.$$

因此，对于所有的 q_i，有以下关系：

$$\frac{\mathrm{d}}{\mathrm{d}t} \frac{\partial L}{\partial \dot{q}_i} - \frac{\partial L}{\partial q_i} = \sum_{j=1}^{k} \lambda_j \frac{\partial f_j}{\partial q_i},\ i = 1, \cdots, n. \tag{3.16}$$

式（3.16）是 n 个方程，式（3.10）给出了 k 个方程，因此得到了 $n+k$ 个方程，可以通过求解得到 q 和 λ 的表达式.

现在阐述所有的 λ 与广义约束力的关系. 考虑以尼尔森形式书写的拉格朗日方程［方程（3.4）］. 用下面的方法来写这个方程：将把势函数（V）中得出的保守力 Q_i^c 从约束力 Q_i^{nc} 中（通常不能从仅依赖于坐标的势函数中得出）分离出来：

$$\frac{\mathrm{d}}{\mathrm{d}t} \frac{\partial T}{\partial \dot{q}_i} - \frac{\partial T}{\partial q_i} = Q_i^c + Q_i^{nc}.$$

保守力（Q^c）可以表示为 $-\dfrac{\partial V}{\partial q_i}$. 假设 $\partial V / \partial \dot{q}_i = 0$，可以把此方程写成

$$\frac{\mathrm{d}}{\mathrm{d}t} \frac{\partial L}{\partial \dot{q}_i} - \frac{\partial L}{\partial q_i} = Q_i^{nc}. \tag{3.17}$$

㊀ 原为 t_2，此处改为 t_f. ——译者注

㊁ 原为 t_1，此处改为 t_i. ——译者注

但方程（3.16）和方程（3.17）必须相同. 因此，有以下表达式

$$Q_i^{nc} = \sum_{j=1}^{k} \lambda_k \frac{\partial f_i}{\partial q_i},$$

于是得到了约束力的理想表达式.

例 3.1 考虑半径为 R 的圆盘沿长度为 l 和角度为 α 的斜面向下滚动. 求运动方程，角加速度和约束力.（见图 3.2）

解 3.1 圆盘的转动惯量为 $I=\frac{1}{2}MR^2$，动能为 $T=\frac{1}{2}M\dot{s}^2+\frac{1}{2}I\dot{\theta}^2$. 势能为 $V=Mg(l-s)\sin\alpha$. 因此，

$$L=\frac{1}{2}M\dot{s}^2+\frac{1}{4}MR^2\dot{\theta}^2+Mg(s-l)\sin\alpha.$$

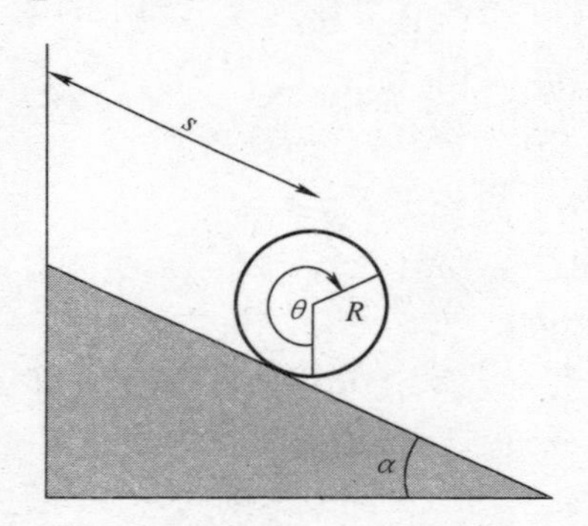

图 3.2　圆盘沿斜面无滑动地向下滚动

磁盘被约束为滚动而不滑动. 因此，

$$f(s,\theta)=s-R\theta=0.$$

这是完整约束. 因此.

$$\frac{\mathrm{d}}{\mathrm{d}t}\frac{\partial L}{\partial \dot{s}}-\frac{\partial L}{\partial s}=\lambda\frac{\partial f}{\partial s},\text{ 其中}\frac{\partial f}{\partial s}=1,$$

$$\frac{\mathrm{d}}{\mathrm{d}t}\frac{\partial L}{\partial \dot{\theta}}-\frac{\partial L}{\partial \theta}=\lambda\frac{\partial f}{\partial \theta},\text{ 其中}\frac{\partial f}{\partial \theta}=-R.$$

进行所示计算，得两个运动方程

$$\frac{\mathrm{d}}{\mathrm{d}t}(M\dot{s})-Mg\sin\alpha=\lambda,$$

$$\frac{\mathrm{d}}{\mathrm{d}t}\left(\frac{1}{2}MR^2\dot{\theta}\right) = -R\lambda.$$

此外，从约束方程可得另一个方程，即

$$\ddot{\theta} = \ddot{s}/R.$$

容易证明

$$\ddot{\theta} = \frac{2}{3}\frac{g\sin\alpha}{R},$$

和

$$\ddot{s} = \frac{2}{3}g\sin\alpha.$$

可得

$$\lambda = M\ddot{s} - Mg\sin\alpha = -\frac{1}{3}Mg\sin\alpha.$$

现在，约束力由

$$Q_s = \lambda\frac{\partial f}{\partial s} = -\frac{1}{3}Mg\sin\alpha = \text{切向力},$$

和

$$Q_\theta = \lambda\frac{\partial f}{\partial\theta} = \frac{1}{3}MgR\sin\alpha = \text{扭矩}$$

给出. Q_s 和 Q_θ 是保持圆盘沿平面向下滚动而不滑动所需的广义力.

练习 3.4　填写上述示例中缺失的步骤，以得 $\ddot{\theta} = (2/3)g\sin\alpha/R$ 和 $\ddot{s} = (2/3)g\sin\alpha$.

3.6 非完整约束

如第 2.4.2 节所述，某些非完整约束也可以用拉格朗日 λ - 法来处理. 假设非完整约束表示为坐标微分之间的关系. 例如，如果只有一个这样的约束，由

$$A_1\mathrm{d}q_1 + A_2\mathrm{d}q_2 + \cdots + A_n\mathrm{d}q_n = 0$$

给出. 其中，所有的 A 是所有 q 的已知函数. 若此关系适用于 $\mathrm{d}q$，它

也适用于 δq ，所以可以写成

$$A_1\delta q_1 + A_2\delta q_2 + \cdots + A_n\delta q_n = 0. \tag{3.18}$$

但最后一个表达式与完整约束的 δf 的表达式形式相同，可以把它写成

$$\delta f = \frac{\partial f}{\partial q_1}\delta q_1 + \frac{\partial f}{\partial q_2}\delta q_2 + \cdots + \frac{\partial f}{\partial q_n}\delta q_n = 0.$$

因此，可以使用与以前完全相同的推理，只需将$\frac{\partial f}{\partial q}$替换为 A.（然而，请注意，尽管 A 是已知量，但它们不是某些已知函数的偏导数.）因此，如果单个非完整约束可以用方程（3.18）表示，其拉格朗日方程是

$$\frac{\mathrm{d}}{\mathrm{d}t}\frac{\partial L}{\partial \dot{q}_i} - \frac{\partial L}{\partial q_i} = \lambda A_i,\ i = 1, 2, \cdots, n.$$

如果有一个以上的非完整约束，则需要将此关系一般化. 例如，如果有 m 个非完整约束，将得到 n 个如下形式的方程

$$\frac{\mathrm{d}}{\mathrm{d}t}\frac{\partial L}{\partial \dot{q}_i} - \frac{\partial L}{\partial q_i} = \sum_{k=1}^{m}\lambda_k A_{ki} \quad i = 1, 2, \cdots, n.$$

甚至可以将这种技术用于时间依赖（“流变”）约束的形式

$$\sum_{i=1}^{n} A_{ki}\mathrm{d}q_i + B_{kt}\mathrm{d}t = 0,\ k = 1, 2, \cdots, m.$$

这里的系数（A 和 B）通常是坐标和时间的函数. 和以前一样，可以用 δ 替换 d，并将这些约束写成如下形式

$$\sum_{i=1}^{n} A_{ki}\delta q_i + B_{kt}\delta t = 0,\ k = 1, 2, \cdots, m.$$

由于时间在虚位移 δq_i 中可以忽略，故 δt 的系数（所有的 B）不在运动方程中. 因此，运动方程呈现出熟悉的形式

$$\frac{\mathrm{d}}{\mathrm{d}t}\frac{\partial L}{\partial \dot{q}_i} - \frac{\partial L}{\partial q_i} = \sum_{k=1}^{m}\lambda_k A_{ki},\ i = 1, 2, \cdots, n.$$

然而，注意到 B 在速度之间的关系中出现，因此，

$$A_{i1}\dot{q}_1 + A_{i2}\dot{q}_2 + \cdots + A_{in}\dot{q}_n + B_i = 0,\ i = 1, 2, \cdots, n.$$

3.7 虚功

现在比第 1.6 节更详细地考虑虚功的概念. 只有当所有"强迫"力的总虚功为零时，机械系统才会处于均衡状态. （强迫力是施加在系统上的力，不包括约束力[㊀].）均衡系统的虚功原理用数学表示为

$$\delta W = \sum_j Q_j \delta q_j = 0.$$

其中，虚位移 δq_i 满足所有约束条件. 注意，虚功原理是一个变分原理.

将虚功原理与牛顿力学中均衡的概念进行对比是很有意思的. 在牛顿力学中，当系统处于平衡状态时，作用在系统上的所有力的矢量和为零. 也就是说，牛顿力学用力来代替约束. 另一方面，分析力学不考虑反作用力，只考虑强迫力：但是，它要求任何虚位移满足系统的约束条件. （我们将看到，研究违反约束的虚位移使我们可以确定约束力.）

在矢量表示法中，广义力只是实际力的组成部分，而虚功原理可以表示为

$$\boldsymbol{F}_1 \cdot \delta \boldsymbol{r}_1 + \boldsymbol{F}_2 \cdot \delta \boldsymbol{r}_2 + \cdots + \boldsymbol{F}_N \cdot \delta \boldsymbol{r}_N = 0.$$

就笛卡儿坐标而言 这是

$$F_{1x}\delta x_1 + F_{1y}\delta_{y1} + \cdots + F_{Nz}\delta z_N = 0.$$

当写成这种形式时，意识到力和虚位移的标量积都为零. 这意味着力 $\boldsymbol{F}_i$ 垂直于质点 i 的任何允许位移. 对于自由质点，所有位移都是允许的，因此净力必须为零. 对于限制于桌面上的质点，力必须垂直于桌面.

如果均衡问题涉及约束条件，则可以用拉格朗日 $\boldsymbol{\lambda}$ – 法确定平衡条件.

虚功原理的合理性已经检验了，但还没有证明，把它作为公设. （事实上，它是分析力学的唯一公设，适用于动力学和均衡情况[㊁].）

㊀ 约束力通常被称为"反作用力".

㊁ 对于公设的讨论，见 Lanczos，op. cit. 第 76 页.

公设：处于均衡状态的系统的虚功为零，

$$\delta W=0.$$

由于牛顿动力学表明，处于均衡状态的系统上的总力为零，因此得出结论，反作用力与强迫力相等且相反. 因此，公设可以用以下反作用力的形式来表述.

公设：任意反作用力对于满足系统约束的任意虚位移的虚功为零.

> **练习 3.5** 假设强迫力可从标量函数得出. 证明均衡态由势能的平稳值 $\delta V=0$ 给出.

拉格朗日乘子的物理解释

在平衡状态下，强迫力的虚功为零：

$$\delta W=0.$$

如果强迫力可由势能（$F_i=-\partial V/\partial q_i$）导出，则虚功等于势能变化的负值，因为

$$\delta W=\sum_i F_i\delta q_i=-\sum_i(\partial V/\partial q_i)\delta q_i=-\delta V.$$

如果物理系统受到由

$$f(q_1,\cdots,q_n)=0$$

给出的完整约束，那么拉格朗日 λ - 法要求

$$\delta(L+\lambda f)=0.$$

[见方程（2.24）.] 由于 λ 未定，也可以使用 $-\lambda$ 并通过如下定义修正的拉格朗日量

$$\overline{L}=L-\lambda f.$$

由于 $L=T-V$，这相当于定义一个修正势能 $V+\lambda f$. 因此，$\delta W=0$ 等价于

$$\delta(V+\lambda f)=0.$$

如果允许广义坐标的任意变分（不仅是那些满足约束的），那么反作用力将作用于系统. 因此，λf 可以解释为与约束力有关的势能. 因此

反作用力的 x_i 分量是

$$F_i = -\frac{\partial(\lambda f)}{\partial x_i} = -\lambda\frac{\partial f}{\partial x_i} - \frac{\partial\lambda}{\partial x_i}f.$$

但 $f=0$，所以

$$F_i = -\lambda\frac{\partial f}{\partial x_i}.$$

得出结论：完整约束是由可从标量函数导出的力维持的.

正如所看到的，一些非完整约束也可以用拉格朗日 λ - 法来处理：但是，这些力（摩擦力是一个例子）不能从标量函数中导出.

例 3.2 读者可能已经通过使用微积分（也可能在以前的力学课程中）证明了悬挂链或重绳形成的曲线是悬链线. 这个问题也可以用变分法来解决. 要最小化的量是势能，$V=V(y)$. 问题是要确定 $y=y(x)$，但要受链条长度是给定常数的约束. 在变分项中，我们要确定 $y=y(x)$，假设 $\delta V=0$，并受约束 $\int_{x_1}^{x_2}\mathrm{d}s$ = 常数 = 长度 = l.

解 3.2 例 3.2 中约束可以表示为

$$l = \int_{x_1}^{x_2}\sqrt{1+y'^2}\,\mathrm{d}x.$$

链长 $\mathrm{d}s$ 的势能为 $\mathrm{d}V=(\mathrm{d}m)gh=\rho gy\mathrm{d}s$. 略去不必要的常数，得

$$V = \int_{x_1}^{x_2}y\mathrm{d}s = \int_{x_1}^{x_2}y\sqrt{1+y'^2}\,\mathrm{d}x.$$

由拉格朗日 λ - 法得

$$\delta\int_{x_1}^{x_2}(y+\lambda)\sqrt{1+y'^2}\,\mathrm{d}x = 0.$$

确定曲线的方程留作练习.

练习 3.6 前一个例子中的函数不依赖于 x. 对第 2.2.2 节中讨论的问题进行重新表述，并证明曲线是悬链线.

练习 3.7 考虑由质量 m 组成的单摆，该质量 m 受长度 l 的金属丝约束，以弧形摆动. 假设 r 和 θ 都是变量，推导拉格朗日方程，并用 λ - 法求钢丝的张力. 并用基本方法检验.

3.8 拉格朗日方程的不变性

拉格朗日方程在点变换下不变. 点变换是从一组坐标 $q_1, q_2, \cdots, q_n$ 到另一组坐标 $s_1, s_2, \cdots, s_n$ 的变换，因此对于“q - 空间”中的每个点 P_q，在“s - 空间”中对应点 P_s. 变换方程具有形式

$$\begin{cases} q_1 = q_1(s_1, s_2, \cdots, s_n, t), \\ \quad\vdots \\ q_n = q_n(s_1, s_2, \cdots, s_n, t). \end{cases}$$

不难证明拉格朗日方程在点变换下是不变的.（也就是说，它们保持相同的形式. 参见本章末的习题3.3.）然而，理解这种不变性的重要性可能更难，因此要更详细地研究它.

图3.3显示了 n 维的位形空间. 在给定的时刻，系统由一个点表示. 随着时间的推移，这一点沿着曲线移动[⊖]. 系统沿着曲线 C 从端点 A 移动到端点 B，使作用最小化. 通过考虑相同端点之间的不同路径，并要求“真”路径的作用积分是平稳的，则得条件

$$\frac{\mathrm{d}}{\mathrm{d}t}\frac{\partial L}{\partial \dot{q}_i} - \frac{\partial L}{\partial q_i} = 0,\ i = 1, \cdots, n.$$

令坐标 q_i 通过点变换变换为 s_i. 如图3.3右侧所示，端点变换为 $\widetilde{A}$，$\widetilde{B}$，并且曲线 C 变换为 $\widetilde{C}$.

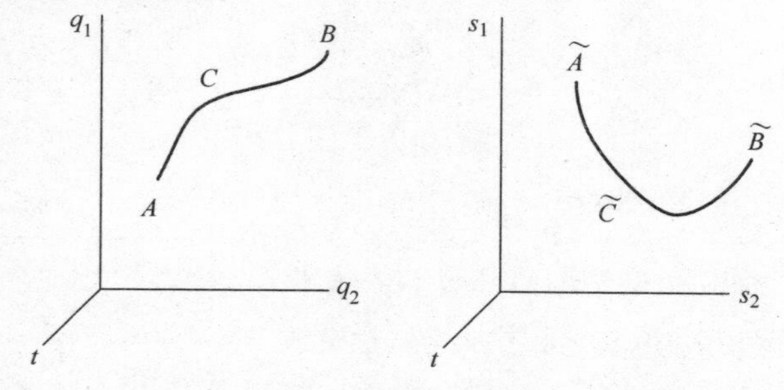

图3.3 两个不同坐标系下的“真”路径

⊖ 我们可以将时间作为另一个坐标，并将系统表示为（$n+1$）维位形空间中的一个点. 在这个空间中，系统画出一条曲线或给出系统的历史“世界线”.

在任意坐标系中，通过端点间的“真”路径使得作用积分最小化，因此拉格朗日方程在新坐标系中也是有效的. 但是，注意虽然在两个坐标系中 L 的值相同，但其形式可能会大不相同. 拉格朗日方程的不变性使我们能够选择任何一组坐标，使方程最容易求解.（不变性原理成为狭义相对论的一个公设，在狭义相对论中，爱因斯坦假设物理定律在惯性参照系之间的变换下是不变的.）

对于特定的 i，拉格朗日运动方程在两个系统中一般不会相同，但完整的方程组是等价的. 因此，应该将这些方程称为共变方程，而不是不变方程. 例如，如果

$$L=\frac{1}{2}\dot{x}^2+\frac{1}{2}\dot{y}^2+\frac{1}{(x^2+y^2)^{1/2}},$$

则通过点变换 $x=r\cos\theta$，$y=r\sin\theta$，会得到格拉朗日量

$$L=\frac{1}{2}\dot{r}^2+\frac{1}{2}r^2\dot{\theta}^2+\frac{1}{r}.$$

用 x 和 y 表示的运动方程是

$$\ddot{x}=-\frac{x}{(x^2+y^2)^{3/2}},\ \ddot{y}=-\frac{y}{(x^2+y^2)^{3/2}},$$

而用 r 和 θ 表示的运动方程是

$$\ddot{r}-r\dot{\theta}^2+\frac{1}{r^2}=0,\ \frac{\mathrm{d}}{\mathrm{d}t}(r^2\dot{\theta})=0.$$

虽然这些运动方程在形式上有很大的不同，但结果是相同的，而且对于一组特定的位置和速度参数，会得到相同的拉格朗日量的数值.

3.9　习题

3.1　假设广义力可由独立于广义速度的势能导出. 证明方程（3.1）可由方程（3.4）推出.

3.2　使用达朗贝尔原理确定如图3.4所示系统的平衡条件.

3.3　若用一组广义坐标 q_i 表示拉格朗日量，则拉格朗日运动方程的形式为

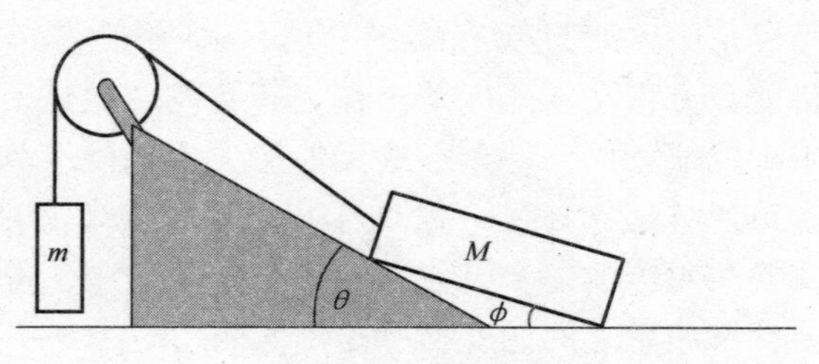

图 3.4　平衡系统

$$\frac{\mathrm{d}}{\mathrm{d}t}\frac{\partial L}{\partial \dot{q}_i}-\frac{\partial L}{\partial q_i}0.$$

假设通过所谓的“点变换”从 q_i 变换为一组新的坐标 s_i，该变换为

$$q_i=q_i(s_1,s_2,\cdots,s_n,t).$$

证明拉格朗日方程不变.（即证明拉格朗日方程在点变换下是不变的.）

3.4　考虑在恒定重力场中向上投掷的物体. 用数值方法验证 $\int_{t_1}^{t_2}(T-V)\mathrm{d}t$ 对于“真”路径比“假”路径小. 选择您想要的任何“假”路径.

3.5　一根绳子绕在两个无摩擦的钉子上，两个钉子距离地面的高度为 h，它们之间的水平距离为 d. 绳子的末端位于地面上. 确定绳索悬挂部分的曲线方程.

3.6　质点在倒转半球的外表面上滑动. 使用拉格朗日乘子，确定质点上的反作用力，质点从何处离开半球面?

3.7　角度为 θ 和质量为 M 的直角三角形模块可在无摩擦水平面上滑动. 将一质量为 m 的方块放置在楔块上，它可以在楔块的无摩擦斜面上滑动. 采用拉格朗日乘子法，确定楔块的运动方程并确定约束力.

3.8　质量为 m_1 的质点通过不可拉伸的无质量弦与质量为 m_2 的质点相连. 质点 m_1 在无摩擦工作台表面自由滑动. 绳子穿过桌子上的一个孔，m_2 自由悬挂在桌子下面，只能垂直移动. 只有当 m_1 沿孔周围的路径移动时，这种安排才会稳定. 写出系统的拉格朗日量并解运动方程.

3.9　自由体可以绕任意轴旋转. 也就是说，$\boldsymbol{\Omega}$ 可以有任意的方向. 考虑物体内第 k 点的容许位移，$\delta \boldsymbol{r}_k = \varepsilon \boldsymbol{\Omega} \times \boldsymbol{r}_k$. 利用虚功原理，证明总角动量守恒.

3.10　根据量子力学，质量为 m 的质点在 a、b、c 边的矩形盒中具有能量 $E = \frac{h^2}{8m}\left(\frac{1}{a^2} + \frac{1}{b^2} + \frac{1}{c^2}\right)$. 假设盒子的体积恒定，证明：如果盒子是立方体（$a = b = c$），则能量最小化.

3.11　考虑从两个固定点悬挂的固定长度的金属线. 证明：使势能最小的形状是双曲余弦.

第 2 部分　哈密顿动力学

第 4 章

哈密顿方程

在本章中，考虑一个完全不同的动力学问题的表述. 定义哈密顿量，并推导哈密顿“正则”方程. 它们是用两种不同的方法推导出来的，一种是用拉格朗日量的勒让德变换，另一种是用作用积分的平稳性. 哈密顿的方法提供了一种看待力学问题的全新方法. 尽管哈密顿的方法往往不如拉格朗日的方法更方便地解决实际问题，但它却是理论研究的非常好的工具. 哈密顿力学中发展的一些方法直接应用于量子力学、统计力学和其他物理领域.

4.1 勒让德变换

我们先把勒让德变换简单地看作一种数学方法. 然后（在第 4.2 节中），我们再把它应用到拉格朗日量.

勒让德变换在物理学的许多分支中都很有用，讳者可能在热力学课程中已经熟悉了它. 根据这种变换，可以采用一组变量的函数，例如

$$f=f(u_1,u_2,\cdots,u_n),$$

并生成关于变量 v_i 的新函数，变量 v_i 由

$$v_i=\frac{\partial f}{\partial u_i} \tag{4.1}$$

给出. 用 g 表示新函数，注意

$$g=g(v_1,v_2,\cdots,v_n).$$

从 f（u 的函数）到 g（v 的函数）的勒让德变换是通过定义 g 来完成的，定义如下：

$$g=\sum_{i=1}^{n}u_iv_i-f. \tag{4.2}$$

乍一看，你可能认为 g 是 u 和 v 的函数，但是通过对其定义的微分你可以理解，g 只是 v 的函数. 也就是说，

$$\begin{aligned} \mathrm{d}g &= \sum_{i=1}^{n}(u_i\mathrm{d}v_i + v_i\mathrm{d}u_i) - \sum_{i=1}^{n}\frac{\partial f}{\partial u_i}\mathrm{d}u_i \\ &= \sum_{i=1}^{n}u_i\mathrm{d}v_i + \sum_{i=1}^{n}\left(v_i - \frac{\partial f}{\partial u_i}\right)\mathrm{d}u_i. \end{aligned}$$

但是根据 v_i [方程（4.1）] 的定义，$\mathrm{d}u_i$ 的系数都为零，所以

$$\mathrm{d}g = \sum_{i=1}^{n}u_i\mathrm{d}v_i. \tag{4.3}$$

因此，g 是 v 的函数，但是如果 $\mathrm{d}g$ 只依赖于 v，它的微分由下式给出

$$\mathrm{d}g = \frac{\partial g}{\partial v_1}\mathrm{d}v_1 + \frac{\partial g}{\partial v_2}\mathrm{d}v_2 + \cdots + \frac{\partial g}{\partial v_n}\mathrm{d}v_n = \sum_{i=1}^{n}\frac{\partial g}{\partial v_i}\mathrm{d}v_i. \tag{4.4}$$

比较方程（4.3 和方程（4.4），可得

$$u_i = \frac{\partial g}{\partial v_i}. \tag{4.5}$$

注意方程（4.1）和方程（4.5）之间的对称性. 还要注意，f 和 g 这两个函数可以用对称的方式相互定义. 也就是说，

$$g = \sum_{i=1}^{n}u_iv_i - f,\ \text{且} f = \sum_{i=1}^{n}u_iv_i - g. \tag{4.6}$$

本质上，这就是勒让德变换的全部内容. 不过，还有一个事实值得一提. 假设 f 也依赖于一些其他变量，比如 w_1，w_2，…，w_m，它们独立于 u. 此外，假设 w 不参与变换. 称 u 为“主动”变量，而 w 为“被动”变量. 则有

$$f = f(u_1, u_2, \cdots, u_n;\ w_1, w_2, \cdots, w_m).$$

如前所述定义 v 和 g，

$$v_i = \frac{\partial f}{\partial u_i}$$

$$g = \sum_{i=1}^{n}u_iv_i - f(u, w).$$

g 的微分是

$$\begin{aligned} dg &= \sum_{i=1}^{n}(u_i dv_i + v_i du_i) - df \\ &= \sum_{i=1}^{n}(u_i dv_i + v_i du_i) - \sum_{i=1}^{n}\frac{\partial f}{\partial u_i}du_i - \sum_{i=1}^{m}\frac{\partial f}{\partial w_i}dw_i \\ &= \sum_{i=1}^{n}u_i dv_i + \sum_{i=1}^{n}\left(v_i - \frac{\partial f}{\partial u_i}\right)du_i - \sum_{i=1}^{m}\frac{\partial f}{\partial w_i}dw_i. \end{aligned}$$

同前，右边的中间项是零，留下的是

$$dg = \sum_{i=1}^{n}u_i dv_i - \sum_{i=1}^{m}\frac{\partial f}{\partial w_i}dw_i,$$

这表明 g 是 v 和 w 的函数. 但如果 $g = g(v, w)$，其微分形式为

$$dg = \sum_{i=1}^{n}\frac{\partial g}{\partial v_i}dv_i + \sum_{i=1}^{m}\frac{\partial g}{\partial w_i}dw_i,$$

所以比较 dg 的两个表达式，发现

$$\frac{\partial g}{\partial w_i} = -\frac{\partial f}{\partial w_i}. \tag{4.7}$$

下面将很快使用这个涉及被动变量的关系式.

练习 4.1 证明变换 $g = f - \sum_{i=1}^{n}u_i v_i$ 也是一种可接受的勒让德变换，在这个意义上，g 只是 v 的函数（这是热力学中使用的形式）.

在热力学中的应用

勒让德变换在热力学中特别有用。[㊀] 不去定义各种“热力学势能”，回顾一下，内能 U 是熵（S）和容积（V）的函数. 即 $U = U(S, V)$. 在热力学方面，感兴趣的是在变量有变化的时候考虑 U 的变化，或者在什么条件下 U 保持恒定. 例如，考虑在恒定压力下的系统. 一般来说 S 和 V 会变，而且确定它们对 U 的影响可能会很困难. 在这

㊀ 本部分可跳过而不影响阅读连续性.

种情况下考虑作为熵和压力的函数的焓（H）会更方便，$H = H(S,P)$. 如果 P 是恒定的，焓只是一个变量的函数. 类似地，对于恒温过程，可能倾向于考虑到亥姆霍兹自由能 $F = F(T,V)$. 如果温度和压力都是恒定的（例如在化学实验室），可以考虑吉布斯自由能 $G = G(T,P)$. 这些热力学势能(U,H,F,G)在不同的变量中具有不同的功能，但它们是相关的，因为它们描述了同一热力学系统的不同方面. 当回顾热力学课程时，它们可相互从勒让德变换中得到. 例如，热力学的第一定律“内能的变化 = 进入系统的热量 - 系统所做的功”可由

$$dU = TdS - PdV$$

描述. 但由于 $U = U(S,V)$，

$$dU = \frac{\partial U}{\partial S}dS + \frac{\partial U}{\partial V}dV,$$

所以可以理解为 $T = \partial U/\partial S$ 和 $P = -\partial U/\partial V$. 利用这些事实，可以通过勒让德变换产生其他热力学势能. 例如，F 是 T 和 V 的函数. 可以简单地利用练习 4.1 的结果生成 F：

$$F = U - TS.$$

为了证明 F 确实是 T 和 V 的函数，注意到

$$\begin{aligned} dF &= dU - TdS - SdT \\ &= TdS - PdV - TdS - SdT \\ &= -PdV - SdT. \end{aligned}$$

因此，$F = U - TS$ 确实是 T 和 V 的函数.

练习 4.2　在上述变换中，从内能到亥姆霍兹自由能，确定主动变量和被动变量.

练习 4.3　给定 $dU = TdS - PdV$，确定 $H(S,P)$ 和 $G(T,P)$. 答：$H = U + PV$，$G = U - TS + PV$.

4.2 在拉格朗日量中的应用与哈密顿量

现在将勒让德变换应用于拉格朗日量. 拉格朗日量是 $q_i, \dot{q}_i, t$ 的

函数：

$$L = L(q_1, \cdots, q_n; \dot{q}_1, \cdots, \dot{q}_n; t).$$

在勒让德变换中，令$\dot{q}$为主动变量，q 和 t 为被动变量. 因此，新函数将取决于 q 和 t，以及 L 对$\dot{q}$的导数. 新函数用 H 表示，则有

$$H = H(q_i, \partial L/\partial \dot{q}_i, t).$$

已知$\partial L/\partial \dot{q}_i = p_i$，是 q_i 的广义共枙动量. 因此，新函数为

$$H = H(q_i, p_i, t).$$

使用勒让德变换的常用公式［方程（4.2）］定义 H，得

$$H(q_i, p_i, t) = \sum_{i=1}^{n} p_i \dot{q}_i - L(q_i, \dot{q}_i, t). \tag{4.8}$$

函数 H 称为哈密顿量. 很快就会看到，在许多情况下，它等于总能量.

记住，哈密顿函数必须用广义动量来表示. 涉及速度的 H 的表达式是错误的. 可以将方程（4.8）当作哈密顿函数的定义.（记住它是个好主意.）

练习 4.4 使用方程（4.8）确定自由质点的 H. ［答：$H = (p_x^2 + p_y^2 + p_z^2)/2m$.］

练习 4.5 沿斜面滚动的圆盘的拉格朗日量是

$$L = \frac{1}{2}m\dot{y}^2 + \frac{1}{4}mR^2\dot{\theta}^2 + mg(y - l)\sin\alpha.$$

（见例 3.1）此系统的哈密顿量是什么？［答：$H = p_y^2/2m + p_\theta^2/mR^2 - Mg(y - L)\ \sin\alpha$.］

4.3 哈密顿正则方程

哈密顿量是由拉格朗日方程得到的 q_i，p_i，t 的函数，假设$\dot{q}_i$ 是主动变量，q_i 和 t 是被动变量. 因此，将方程（4.1）和方程（4.5）用上一节中介绍的变量表示，得

$$p_i = \frac{\partial L}{\partial \dot{q}_i} \text{和} \dot{q}_i = \frac{\partial H}{\partial p_i}. \tag{4.9}$$

此外，根据方程（4.7）中所给出的被动变量之间的关系，得出

$$\frac{\partial H}{\partial q_i} = \frac{\partial L}{\partial q_i} \text{和} \frac{\partial H}{\partial t} = -\frac{\partial L}{\partial t}. \tag{4.10}$$

由拉格朗日方程，

$$\frac{\mathrm{d}}{\mathrm{d}t}\left(\frac{\partial L}{\partial \dot{q}_i}\right) = \frac{\partial L}{\partial q_i},$$

即

$$\dot{p}_i = \frac{\partial L}{\partial q_i}.$$

因此，从方程（4.10）的第一个方程中代入$\partial L/\partial q_i$ 得

$$\dot{p}_i = -\frac{\partial H}{\partial q_i}. \tag{4.11}$$

此方程和式（4.9）的第二个方程给出了以下两个非常重要的关系：

$$\dot{q}_i = \frac{\partial H}{\partial p_i}, \tag{4.12}$$

$$\dot{p}_i = -\frac{\partial H}{\partial q_i}. \tag{4.13}$$

它们称为“哈密顿正则方程”，它们是系统的*运动方程*，表示为 $2n$ 个一阶微分方程. 它们有很好的性质，即与时间有关的导数都孤立在方程的左边.

现在将介绍另一种获得正则方程的方法. 从定义

$$H(q_i, p_i, t) = \sum_{i=1}^{n} p_i \dot{q}_i - L(q_i, \dot{q}_i, t) \tag{4.14}$$

开始. 对广义坐标 q_i 求哈密顿量的偏导数

$$\frac{\partial H}{\partial q_i} = \frac{\partial}{\partial q_i}\left(\sum_i p_i \dot{q}_i - L(q_i, \dot{q}_i, t)\right) = -\frac{\partial L}{\partial q_i} = -\frac{\mathrm{d}}{\mathrm{d}t}\frac{\partial L}{\partial \dot{q}_i} = -\dot{p}_i. \tag{4.15}$$

这里使用了拉格朗日方程和广义动量的定义. 接下来，取哈密顿量关于广义动量 p_i 的偏导数：

$$\frac{\partial H}{\partial p_i} = \frac{\partial}{\partial p_i}\left(\sum_i p_i \dot{q}_i - L(q_i, \dot{q}_i, t)\right) = \dot{q}_i. \tag{4.16}$$

方程（4.15）和方程（4.16）再次给出了正则运动方程：

$$\begin{aligned}\frac{\partial H}{\partial q_i} &= -\dot{p}_i,\\ \frac{\partial H}{\partial p_i} &= \dot{q}_i.\end{aligned} \tag{4.17}$$

因为 H 也是时间的函数，所以对方程（4.14）取关于时间的偏导数.这立刻产生了有趣的结果

$$\frac{\partial H}{\partial t} = -\frac{\partial L}{\partial t}. \tag{4.18}$$

考虑哈密顿量对时间的全微分. 其为

$$\begin{aligned}\frac{\mathrm{d}H(q,p,t)}{\mathrm{d}t} &= \frac{\partial H}{\partial q}\frac{\mathrm{d}q}{\mathrm{d}t} + \frac{\partial H}{\partial p}\frac{\mathrm{d}p}{\mathrm{d}t} + \frac{\partial H}{\partial t}\\ &= -\dot{p}\frac{\mathrm{d}q}{\mathrm{d}t} + \dot{q}\frac{\mathrm{d}p}{\mathrm{d}t} + \frac{\partial H}{\partial t}\\ &= -\dot{p}\dot{q} + \dot{q}\dot{p} + \frac{\partial H}{\partial t} = \frac{\partial H}{\partial t},\end{aligned}$$

这里用到了哈密顿方程. 如此则有

$$\frac{\mathrm{d}H}{\mathrm{d}t} = \frac{\partial H}{\partial t}. \tag{4.19}$$

比较方程（4.18）和方程（4.19），可得出结论，如果拉格朗日量不是时间的显函数，哈密顿量是常数. 此外，如果变换方程不明确地依赖于时间，并且势能只依赖于坐标，那么哈密顿量就是总能量. 在量子力学问题中，通常需要写下并求解薛定谔方程. 这需要哈密顿量的表达式. 通常人们只是简单地把哈密顿量写成 $H = T + V$，大多数时候这是正确的. 但是，读者应该知道，在某些情况下，哈密顿量不是系统的总能量.

练习 4.6 考虑由质量 m 在弹性常数为 k 的弹簧上组成的无摩擦谐振子，如第 1.10.2 节所述. 求出哈密顿量，求出正则方程，求出位置关于时间的函数.（答：$\dot{p}_x = -kx$ 和 $\dot{x} = p_x/m$.）

4.4 从哈密顿原理推导哈密顿方程

哈密顿方程也可以通过哈密顿原理来推导，哈密顿原理指出机械系统随时间的演化使得作用的积分是平稳的. 也就是说，

$$\delta I = \delta\int_{t_1}^{t_2} L\mathrm{d}t = 0.$$

已经证明这可导出拉格朗日方程. 现在证明此原理也可以导出哈密顿方程. 回想一下，拉格朗日方程将机械系统的时间演化视为位形空间中点的运动. 哈密顿方程把机械系统的时间演化看作是相空间中点的运动. 对于由 N 个质点组成的系统，相空间是 $6N$ 维空间，其中轴被标记为 $q_i, p_i, (i=1,\cdots,n)$，其中 $n=3N$. 在哈密顿方程中，动量和坐标作为变量处于相等的基础上.（见第 1.8 节.）

为了从哈密顿原理中得到哈密顿方程，必须用 p 和 q 来表示. 因此，使用方程（4.8）给出的哈密顿量的定义，并将哈密顿原理写成

$$\delta I = \delta\int_{t_1}^{t_2} L\mathrm{d}t = \delta\int_{t_1}^{t_2}\left(\sum_i p_i\dot{q}_i - H(q_i,p_i,t)\right)\mathrm{d}t = 0. \quad (4.20)$$

当以这种形式书写时，通常被称为“修正的哈密顿原理”. 注意，这是如下形式的一种表达：

$$\delta I = \delta\int_{t_1}^{t_2} f(q,\dot{q},p,\dot{p},t)\,\mathrm{d}t = 0.$$

由变分法可知，只有满足 $2n$ 个欧拉－拉格朗日方程，才能满足此条件. 这些方程的形式是

$$\frac{\mathrm{d}}{\mathrm{d}t}\left(\frac{\partial f}{\partial\dot{q}_i}\right) - \frac{\partial f}{\partial q_i} = 0,\ i=1,\cdots,n,$$

和

$$\frac{\mathrm{d}}{\mathrm{d}t}\left(\frac{\partial f}{\partial\dot{p}_i}\right) - \frac{\partial f}{\partial p_i} = 0,\ i=1,\cdots,n,$$

计算标出的偏微分，得

$$\frac{\partial H}{\partial q_i} = -\dot{p}_i,$$

$$\frac{\partial H}{\partial p_i}=\dot{q}_i.$$

也就是说，从变分原理推导出了哈密顿方程.

练习 4.7 计算上述偏微分，以得到哈密顿正则方程.

4.5 相空间与相流体

用哈密顿量表示的作用积分是

$$I=\int_{t_1}^{t_2}\left[\sum_{i=1}^{n}p_i\dot{q}_i-H(q_1,\cdots,q_n,p_1,\cdots,p_n,t)\right]\mathrm{d}t.$$

当用这种方式表示时（作为 q 和 p 的函数），它被称为“正则积分”. 正如刚才所看到的，令此积分的变分为零，会得到正则方程$\dot{p}_i=-\partial H/\partial q_i$ 和$\dot{q}_i=+\partial H/\partial p_i$. 系统现在用 $2n$ 个变量 q_i 和 p_i 描述，$i=1,\cdots,n$. 该系统可以表示为被称为相空间的 $2n$ 维空间中的点 C.（我们通常将 p 和 q 都称为“坐标”.）随着时间的推移，C 点在相空间中画出一条曲线.

回想一下，之前认为系统在位形空间中由点表示.（位形空间是由 q 组成的 n 维空间.）

假设想考虑从位形空间的某个初始点开始的所有可能的路径. 由于没有规定速度，如果考虑所有可能的速度 则会得到从同一点开始的无限多的曲线. 如图 4.1 所示，它表示了从原点开始但未规定速度的抛射体可能的轨迹. 特别要注意的是，在位形空间的特定点上产生的轨迹通常会以不同的速度在该点上产生交叉（以及在位形空间中的附近点上产生的轨迹）[⊖].

另一方面，如果考虑来自相空间中一个点的所有可能的曲线，将得到一条曲线，因为 C 点现在包括了质点的动量及其位置，从而给出了初始运动方向和初始速度. 来自其他点的路径不会从我们原来的点

⊖ 我们通常不关心与某些特殊初始条件对应的特解，而是对任意初始条件有效的通解. 特解将是位形空间中的单轨道，但对于通解，我们得到了无限多的轨道.

穿过路径，因为正则方程在相空间的每个点定义了唯一的斜率.（当两条轨道交叉时，它们在交叉点处的斜率不同.）

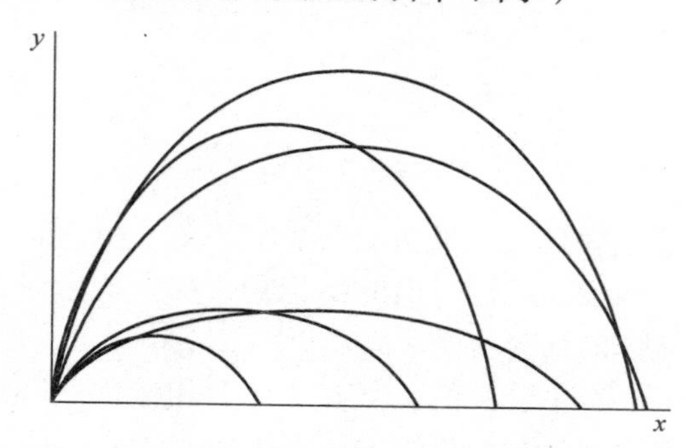

图 4.1　初始位形空间位置(0,0)指定但初始速度未指定的抛射体可能的轨迹

从相空间的每一点出发的相空间曲线的整体可以看作是动力学问题的通解，每一条曲线代表一组特定初始条件下的运动.

考虑相空间曲线的另一种方法是假设系统由许多质点组成. 在初始时刻，每个质点都会在相空间的某个特定点上，随着时间的推移，每个质点都会在相空间中画出一条曲线. 很容易把这想象成类似于流动河流中水分子的运动. 在最初的某个时刻，每个水分子都有特定的位置和特定的动量. 随着时间的推移，水分子会形成彼此不相交的流线.

这个类比如此合适，使得我们可以将流体动力学的概念应用于相空间，并讨论“相流体”的性质.

例如，每一点的相流体速度由规范方程$\dot{p}_i = -\partial H/\partial q_i$ 和$\dot{q}_i = +\partial H/\partial p_i$ 给出. 这可以解释为类似于真实流体中的速度场. 运动相流体的每条流线表示系统在给定的特定初始条件下随时间的演化，而相流体作为整体的运动表示完整的解，即系统在任意初始条件下随时间的演化.

在流体动力学中，我们对稳定流体特别感兴趣. 如果一点上的速度在时间上是恒定的，那么流体是稳定的，也就是说，速度场不依赖于 t. 如果相流体的流动是稳定的，那么$\dot{p}_i$ 和$\dot{q}_i$ 是关于时间是常数，数量$\partial H/\partial q_i$ 和$\partial H/\partial p_i$ 与时间无关，H 不能显含时间，即$\partial H/\partial t = 0$. 但

通过正则方程，H 的总时间导数是

$$\frac{\mathrm{d}H}{\mathrm{d}t} = \sum_{i=1}^{n}\left(\frac{\partial H}{\partial q_i}\dot{q}_i + \frac{\partial H}{\partial p_i}\dot{p}_i\right) = 0,$$

所以

$$\frac{\mathrm{d}H}{\mathrm{d}t} = 0 \Rightarrow H = \text{常数} = E.$$

也就是说，能量是守恒的. 此外，$H = E$ 定义了相空间中的曲面，质点将在该曲面上移动. 我们得出的结论是，如果能量守恒，相流体的行为就像真实流体的稳定流动.

正如将在下一章中看到的，真实流体和相流体之间还有另一个类比，即相流体将表现为不可压缩的真实流体.

4.6 循环坐标和罗斯步骤

不出现在拉格朗日量中的坐标称为循环坐标或可忽略坐标. 然而，拉格朗日量仍然是其相应广义速度的函数. 换句话说，如果其中一个 q 是可忽略的，那么拉格朗日函数只是 $n-1$ 个广义坐标的函数，但它一般是所有 n 个广义速度的函数. 因此，如果 q_n 是可忽略的，

$$L = L(q_1, \cdots, q_{n-1}; \dot{q}_1, \cdots, \dot{q}_n; t).$$

然而，哈密顿量将只是 $n-1$ 个坐标和 $n-1$ 个动量的函数，因为可忽略坐标的共轭动量是常数. 例如，如果 q_n 是可忽略的，那么相应的动量 p_n 是常数，称之为 α. 可以把哈密顿量写成

$$H = H(q_1, \cdots, q_{n-1}; p_1, \cdots, p_{n-1}; \alpha; t). \tag{4.21}$$

其中，常数 α 已包含在我们的表达式中，即使通常不将函数表示为对常数的依赖. 然而，H 确实依赖于分配给 α 的值.

可忽略坐标 q_n 不出现在哈密顿量中，但这并不意味着不考虑它的时间演化. 可忽略坐标仍然是与其他坐标在同一基础上的坐标！关于 q_n 的哈密顿方程如下：

$$\dot{q}_n = \frac{\partial H}{\partial \alpha}.$$

通常情况下，有些坐标是可忽略的，而另一些则不是. 例如，假设坐

标 $q_1,\cdots,q_n$ 描述的系统是这样的：前 s 个坐标出现在哈密顿量（和拉格朗日量）中，但坐标 $q_{s+1},\cdots,q_n$ 是循环的. 在这种情况下，处理此类问题的步骤（由罗斯提出）可以派上用场. 其中一个定义了所谓的罗斯量（在某些方面与哈密顿量相似），如下所示：

$$R = \sum_{i=s+1}^{n} p_i \dot{q}_i - L. \tag{4.22}$$

注意，求和是对循环坐标的. 因此，

$$R = R(q_1,\cdots,q_n;\dot{q}_1,\cdots,\dot{q}_s;p_{s+1},\cdots,p_n;\ t).$$

得到了关于变量的罗斯偏导数：

$$\frac{\partial R}{\partial q_i} = -\frac{\partial L}{\partial q_i},\ i=1,\cdots,s,$$

$$\frac{\partial R}{\partial \dot{q}_i} = -\frac{\partial L}{\partial \dot{q}_i},\ i=1,\cdots,s, \tag{4.23}$$

和

$$\frac{\partial R}{\partial q_i} = -\dot{p}_i,\ i=s+1,\cdots,n,$$

$$\frac{\partial R}{\partial p_i} = \dot{q}_i,\ i=s+1,\cdots,n. \tag{4.24}$$

方程（4.23）表明，前 s 个坐标满足拉格朗日方程，但要将拉格朗日量换为罗斯量，因此，

$$\frac{\mathrm{d}}{\mathrm{d}t}\left(\frac{\partial R}{\partial \dot{q}_i}\right) - \frac{\partial R}{\partial q_i} = 0,\ i=1,\cdots,s,$$

而方程（4.24）表明，剩余的坐标和动量满足以罗斯量替换哈密顿量的哈密顿方程. 但是请注意，对于循环坐标 $s+1,\cdots,n$，动量是常数，可以用常数 $\alpha_1,\cdots,\alpha_{n-s}$ 替换这 $n-s$ 个动量. 则罗斯量可写为

$$R = R(q_1,\cdots,q_s;\dot{q}_1,\cdots,\dot{q}_s;\ \alpha_1,\cdots,\alpha_{n-s};\ t). \tag{4.25}$$

所有的 α 可以由初始条件确定，已经将问题中的变量数从 n 减少到 s. 减少变量数是解决问题的一种有效方法.（当研究正则变换时，我们将遇到一种将变量数减少到零的方法！）

罗斯量还便于分析稳定运动. 把稳定运动定义为非循环变量不变的运动. 稳定运动的一个例子是行星在圆形轨道上的运动. 在极坐标

系中，拉格朗日量是

$$L=\frac{1}{2}m\dot{r}^2+\frac{1}{2}mr^2\dot{\theta}^2+\frac{k}{r}.$$

对于圆形轨道，非循环坐标 r 是常数. 坐标 θ 是循环的，随时间线性增加. 从运动方程可以看出，循环坐标的线性增加是稳定运动的特征.

举另一个例子，如果为旋转、陀螺仪写拉格朗日量，会发现唯一的非循环变量是极角 θ. 如果顶部是进动的，那么 θ 就不再是常数，顶部会随着运动“点头”. 这可以称为“关于稳态运动的振荡”.

在现在的讨论中，非循环变量是常数. 对于具有方程（4.25）形式的罗斯量的系统，循环坐标的运动方程［方程（4.24）］告诉我们

$$\dot{q}_i=\dot{q}_i(q_1,\cdots,q_s;\dot{q}_1,\cdots,\dot{q}_s;\alpha_1,\cdots,\alpha_{n-s}),\ i=s+1,\cdots,n.$$

对于稳态运动，$q_1,\cdots,q_s$ 为常数，$\dot{q}_1,\cdots,\dot{q}_s$ 为零，因此 $\dot{q}_i(i>s)=$ 常数，因此 $q_i(i>s)$ 随时间呈线性变化.

练习 4.8 写出球面摆的哈密顿量. 识别所有循环坐标并写出罗斯量.

练习 4.9 根据欧拉角写出旋转陀螺的拉格朗日量，并确定循环和非循环坐标.

4.7 辛记号

辛记号是用矩阵表示哈密顿方程的一种优雅而有力的方法. 首先定义一个列矩阵 $\boldsymbol{\eta}$，它的元素是所有的 q 和 p. 具体来说，对于自由度为 n 的系统，$\boldsymbol{\eta}$ 中的前 n 个元素是 $q_1,\cdots,q_n$，其余 n 个元素是 $p_1,\cdots,p_n$. 因此，$\boldsymbol{\eta}$ 有 $2n$ 个元素. 接下来，定义另一个 $2n$ 列矩阵，它的元素是哈密顿量对所有坐标和所有动量的偏导数，因此该列矩阵的元素是

$$\frac{\partial H}{\partial q_1},\frac{\partial H}{\partial q_2},\cdots,\frac{\partial H}{\partial q_n},\frac{\partial H}{\partial p_1},\frac{\partial H}{\partial p_2},\cdots,\frac{\partial H}{\partial p_n}.$$

把这个矩阵记为

$$\frac{\partial H}{\partial \boldsymbol{\eta}}.$$

最后，定义 $2n \times 2n$ 矩阵 $\boldsymbol{J}$，它的形式是

$$\boldsymbol{J} = \begin{pmatrix} \mathbf{0} & \mathbf{1} \\ -\mathbf{1} & \mathbf{0} \end{pmatrix},$$

其中 **0** 代表 $n \times n$ 零矩阵，**1** 代表 $n \times n$ 单位矩阵. 使用这个符号，哈密顿方程为

$$\boldsymbol{\eta} = \mathbf{J}\,\frac{\partial H}{\partial \boldsymbol{\eta}}. \tag{4.26}$$

可以注意到，这样的表达式有助于计算机快速地进行计算. 计算这种运动方程的计算机程序被称为“辛积分器”，广泛应用于天体力学（多体问题）以及分子动力学和加速器物理学中.

练习 4.10　证明方程（4.26）再现了练习 4.6 中的简谐振荡器的哈密顿方程.

4.8 习题

4.1　写出双平面摆的哈密顿量.

4.2　考虑以下拉格朗日量：

$$L = A\dot{x}^2 + B\dot{y}^2 + C\dot{x}\dot{y} + \frac{D}{\sqrt{x^2 + y^2}},$$

其中 A, B, C, D 是常数. 求哈密顿量.

4.3　悬挂长度为 l、质量为 m 的平面摆，使其支撑点在半径为 a 的垂直圆上均匀移动. 求哈密顿运动方程. 正则动量是多少?

4.4　在平面极坐标系下，求绕太阳公转轨道上行星的哈密顿量. 并求哈密顿运动方程.

4.5　求球摆的哈密顿量和哈密顿运动方程.

4.6　用辛记号表示球面摆的哈密顿运动方程.

4.7　质量为 m 的质点被约束在半径为 R 的球体表面上移动（直到它脱落）. 质点的势能是 mgz，其中 z 是从球体所在的平面垂直测量

的. 写出质点与球体接触时的哈密顿量和哈密顿运动方程.

4.8 考虑正则变换. 写出泛函行列式 Δ，证明 $\Delta^2=1$. （泛函行列式是这样一种行列式，其元素是一组变量相对于另一组变量的偏导数. 每一行只包含关于一个变量的导数，每一列也只包含关于一个变量的导数.）

4.9 将弹性常数为 k 的无质量弹簧悬挂在以 ω 频率垂直振荡的支撑点上，从而使弹簧顶部的位置由 $z_0=A\cos\omega t$ 给出. 质量 m 的颗粒附在弹簧的下端. 确定系统的哈密顿量.

4.10 质量 m 的质点可以在质量 M 的水平杆上自由滑动. 杆的一端连接在转盘上，以角速度 ω 沿半径为 a 的圆形路径移动. 写出系统的哈密顿量.

第 5 章 正则变换与泊松括号

在本章中，首先考虑正则变换. 这些变换保持了哈密顿方程的形式. 接下来是对泊松括号的研究，泊松括号是研究正则变换的重要工具. 最后，考虑无穷小正则变换，而且作为例子，用泊松括号来研究角动量.

5.1 对运动方程积分

在对分析力学的研究中，已经看到变分原理导致了两组不同的运动方程. 第一组由拉格朗日方程组组成，第二组由哈密顿正则方程组组成. 拉格朗日方程组是一组 n 个耦合的二阶微分方程，哈密顿方程组是一组 $2n$ 个耦合的一阶微分方程.

任何动力学理论的最终目标都是求出运动方程的通解. 在拉格朗日动力学中，需要将运动方程积分两次. 这通常很困难，因为拉格朗日方程（以及由此产生的运动方程）不仅依赖于坐标，还依赖于它们的导数（速度）. 对于这些方程的积分，没有已知的通用方法[㊀]. 读者可能想知道是否可以变换成一组新的坐标集，在这些坐标集中运动方程更简单，也更容易积分. 事实上，这在某些情况下是可能的. 但拉格朗日量是 $L=T-V$，T 是速度的函数，V 是坐标的函数. 人们通常发现简化 V 的坐标会使 T 更复杂，反之亦然. 然而，变换为不同坐标集的想法是有价值的. 例如，如果将问题变换成一组新的坐标，其中的一些或所有坐标都是可忽略的，那么这个问题就可以简化. 如果坐标是可忽略的，那么有运动方程的部分积分（“首次积分”），因为

㊀ 当然，总是可以进行数值积分，但这取决于选择一组特定的初始条件，所以这并不能得到一般的解.

如果 q_i 是可忽略的，则 $p_i = \partial L/\partial \dot{q}_i$ 是常数. 不幸的是，没有已知的通用方法来变换成一组变量，其中一些坐标在拉格朗日量中是可忽略的. 找到这样一组坐标是直觉和运气的问题，而不是数学过程.

另一方面，在哈密顿力学中，情况则更为明朗. 哈密顿力学把 q_i 和 p_i 视为坐标. （事实上，存在变换将位置变换成动量或者将动量变换成位置.）因此，哈密顿量 $H = H(q,p,t)$ 不依赖于导数. 此外，运动方程是一阶的，所有的时间导数都孤立在方程的一边. 但最重要的是，雅可比[㊀]发明了一种技术，用于将 q_i、p_i 变换为一组新的坐标（不妨记为 Q_i、P_i），哈密顿方程仍然适用，并且运动方程的积分很简单. 因此，对运动方程进行积分的问题被简化为找到“生成函数”的问题，该“生成函数”将产生所需的变换.

应该提到的是，这个过程很复杂，你可能会发现其中一些概念令人困惑，但这不应该掩盖这样的事实：我们现在有一种技术，用该技术不仅可以获得运动方程，而且可以对运动方程进行实际积分，并能确定动力学方程的一般解.[㊁]

5.2 正则变换

已经看到从笛卡儿坐标到广义坐标的变换方程是这样的：

$$x_i = x_i(q_1, q_2, \cdots, q_n; t), \ i = 1, \cdots, n.$$

由于这种变换将点的坐标从一组坐标变换为另一组坐标，因此称为“点变换”（见第 3.8 节）. 可以认为点变换发生在位形空间中. 换言之，点变换将从一组位形空间坐标（x_i）变换为一组新的配置空间坐标（q_i）. 点变换生成一组新的配置空间轴.

勒让德变换可以使拉格朗日量($q, \dot{q}, t$)变换为哈密顿量(q, p, t 的函数).

㊀ 卡尔·古斯塔夫·雅各布·雅可比，1804—1851.

㊁ 简短地解释一个术语. 一阶微分方程的解，如果包含与自变量数量一样多的任意常数，则称为“完全积分”. 如果解依赖于任意函数，称为“一般积分”. 在力学中，人们通常感兴趣的是得到完全积分.

现在考虑一种特别重要的坐标变换，称为正则变换. 这些是相空间变换，它把坐标集(p_i,q_i) 变换成新的坐标集(P_i,Q_i)，以保持哈密顿方程的形式. 回想一下，坐标(p_i,q_i)通过哈密顿量 $H(p_i,q_i,t)$ 描述系统，并使得

$$\dot{q}_i = \frac{\partial H}{\partial p_i}, \tag{5.1}$$

和

$$\dot{p}_i = -\frac{\partial H}{\partial q_i}. \tag{5.2}$$

“新” 坐标 P_i 和 Q_i 也可以用来描述系统的哈密顿量. 一般来说，用那些 p 和 q 表示的哈密顿量与用那些 P 和 Q 表示的哈密顿量具有不同的函数形式. 因此，用 $K(P_i,Q_i,t)$ 来表示. 正则变换是把 p_i、q_i 变换为一组坐标 P_i 和 Q_i，这样

$$\dot{Q}_i = \frac{\partial K}{\partial P_i}, \tag{5.3}$$

和

$$\dot{P}_i = -\frac{\partial K}{\partial Q_i}. \tag{5.4}$$

注意到用 p_i、q_i 表示的哈密顿方程［方程（5.1）和方程（5.2）］和用 P_i、Q_i 表示的哈密顿方程（方程（5.3）和方程（5.4）的形式完全相同.

产生正则变换的技术是基于已经用过的推导哈密顿方程的方法. 回想一下，它们是从一个变分原理，特别是从修正的哈密顿原理（方程（4.20）中获得的，即

$$\delta\int_{t_1}^{t_2}\left(\sum_i p_q\,\dot{q}_i - H(q_i,p_i,t)\right)\mathrm{d}t = 0. \tag{5.5}$$

如果在新的坐标系中有

$$\delta\int_{t_1}^{t_2}\left(\sum_i P_i\,\dot{Q}_i - K(Q_i,P_i,t)\right)\mathrm{d}t = 0, \tag{5.6}$$

则哈密顿方程必会成立. 然而，这是不必要的限制. 例如，如果 F 是坐标和时间的任意函数，则在最后一个表达式的被积函数加一项$\frac{\mathrm{d}F}{\mathrm{d}t}$什

么也改变不了. 这很容易理解，考虑

$$\delta\int_{t_1}^{t_2}\left(\sum_i P_i\dot{Q}_i-K(Q_i,P_i,t)+\frac{\mathrm{d}F}{\mathrm{d}t}\right)\mathrm{d}t. \tag{5.7}$$

由于

$$\delta\int_{t_1}^{t_2}\frac{\mathrm{d}F}{\mathrm{d}t}\mathrm{d}t=\delta(F(t_2)-F(t_1)),$$

由于端点处的变分需要为零，则可看到在修正的哈密顿原理中加了等于零的一项. 因此，没有什么改变，哈密顿原理仍然成立，但是新的形式［方程（5.7）］可生成新的哈密顿量 $K(Q_i,P_i,t)$ 以及一组变换方程到新的坐标 P_i 和 Q_i. 已经知道方程（5.5）所表示的变分是正确的. 方程（5.7）所表示的变分也会是正确的，若两个被积函数相等，即若

$$p\dot{q}-H=P\dot{Q}-K+\frac{\mathrm{d}F}{\mathrm{d}t}. \tag{5.8}$$

(为了简单起见，我们省去了求和号和下标.)

为了解方程（5.8）如何得出从 p、q 到 P、Q 的变换方程，可以方便地假设 F 取决于新旧坐标的特定组合. 因此，现在假设

$$F=F_1(q,Q,t). \tag{5.9}$$

[这实际上意味着 $F=F_1(q_i,Q_i,t),i=1,\cdots,n$]. 注意，$F$ 的函数形式仍然是任意的，假设 F 是新坐标 Q_i 和旧坐标 q_i 和时间的函数.

方程（5.8）可写为

$$p\dot{q}-H=P\dot{Q}-K+\frac{\partial F_1}{\partial q}\dot{q}+\frac{\partial F_1}{\partial Q}\dot{Q}+\frac{\partial F_1}{\partial t}.$$

重新排列得

$$\left(p-\frac{\partial F_1}{\partial q}\right)\dot{q}-\left(P+\frac{\partial F_1}{\partial Q}\right)\dot{Q}=H-K+\frac{\partial F_1}{\partial t}.$$

此方程将成立，如果

$$p=\frac{\partial F_1}{\partial q}, \tag{5.10}$$

$$P=-\frac{\partial F_1}{\partial Q}, \tag{5.11}$$

和

$$K=H+\frac{\partial F_1}{\partial t}. \tag{5.12}$$

现阶段似乎只说明了显而易见的问题，但实际上已经解决了要解决的问题：现在有了新哈密顿方程［方程（5.12）］. 此外，由于 F_1 是 q 和 Q 的函数，则$\frac{\partial F_1}{\partial q}$也将是 q 和 Q 的函数. 因此方程（5.10）给出了如下表达式

$$p = p(q, Q, t).$$

这可以倒过来给出

$$Q = Q(p, q, t).$$

由方程（5.11）得出

$$P = P(q, Q, t),$$

但既然知道 $Q = Q(p, q, t)$，就可以得到

$$P = P(p, q, t).$$

这些步骤保证了方程（5.1）和方程（5.2）的成立，因此变换是正则的.

因为这个过程有点抽象，所以对生成函数 $F_1(q, Q, t)$ 的特定选择进行这样的变换. 为了简单起见，将考虑由两个坐标即 p 和 q 所描述的系统. 假设

$$F_1(q, Q, t) = qQ.$$

通过方程（5.12），可看到新的哈密顿量 K 等于旧的哈密顿量 H. 通过方程（5.11），可看到新的坐标 P 是

$$P = -\frac{\partial F_1}{\partial Q} = -q.$$

最后，方程（5.10）给出

$$p = \frac{\partial F_1}{\partial q} = Q.$$

因此，这种特殊的正则变换导致了新的坐标集：

$$P = -q,$$

$$Q = p.$$

换句话说，变换将动量转化为坐标，将坐标转化为动量. 这是很好的例子，说明了哈密顿方程模糊了动量和坐标之间的区别，这就是为什么将两者简单地称为“坐标”的原因.

假设生成函数 F 是 q_i 和 Q_i 的函数，称之为 F_1. 如所预料，有用的生成函数是包含旧变量和新变量的混合表达式. 有四种类型的生成函数需要考虑，它们是

$$\begin{cases} F = F_1(q_i, Q_i, t), \\ F = F_2(q_i, P_i, t), \\ F = F_3(p_i, Q_i, t), \\ F = F_4(p_i, P_i, t). \end{cases} \tag{5.13}$$

对于后三种生成函数 类似于方程（5.10），方程（5.11）和方程（5.12)的关系式为

$$\begin{cases} p_i = \dfrac{\partial F_2}{\partial q_i}, \\ Q_i = \dfrac{\partial F_2}{\partial P_i}, \\ K = H + \dfrac{\partial F_2}{\partial t}, \end{cases} \tag{5.14}$$

和

$$\begin{cases} q_i = -\dfrac{\partial F_3}{\partial p_i}, \\ P_i = -\dfrac{\partial F_3}{\partial Q_i}, \\ K = H + \dfrac{\partial F_3}{\partial t}, \end{cases} \tag{5.15}$$

以及

$$\begin{cases} q_i = -\dfrac{\partial F_4}{\partial p_i}, \\ Q_i = \dfrac{\partial F_4}{\partial P_i}, \\ K = H + \dfrac{\partial F_4}{\partial t}. \end{cases} \tag{5.16}$$

第二种生成函数的有意思的例子是

$$F_2 = \sum_i q_i P_i. \tag{5.17}$$

在这种情况下，很容易证明新坐标通过

$$\begin{cases} Q_i = q_i, \\ P_i = p_i \end{cases} \tag{5.18}$$

与旧坐标联系起来．因此这是恒等变换．

练习 5.1　证明 $F_2 = \sum_i q_i P_i$ 生成恒等变换．

练习 5.2　得出变换方程（5.14）．提示：在代入方程（5.8）之前，从 F_2 中减去 PQ．

练习 5.3　设 $F = F_4(p_i, P_i, t)$．确定新的哈密顿量和正则变换方程．

例 5.1　使用正则变换来解决谐振子问题．

解 5.1　谐振子的哈密顿量为

$$H = \frac{1}{2m}p^2 + \frac{k}{2}q^2.$$

利用谐振子的角频率 $\omega = \sqrt{k/m}$ 的事实，可以用更方便的形式写出哈密顿量：

$$H = \frac{1}{2m}(p^2 + m^2\omega^2 q^2). \tag{5.19}$$

可以通过正则变换成新哈密顿量 $K(P, Q)$ 来解决这个问题，其中坐标 Q 是循环的．适当的生成函数是

$$F = F_1(q, Q) = \frac{m\omega}{2}q^2 \cot Q.$$

（这里并没有演示如何获得适当的生成函数，因此读者需要相信这一点．）利用方程（5.10）、方程（5.11）和方程（5.12）得到

$$p = m\omega q \cot Q,$$

$$P = \frac{m\omega q^2}{2\sin^2 Q},$$

$$K(P, Q) = H(p, q).$$

做一点代数计算得

$$q^2 = \frac{2}{m\omega}P\sin^2 Q,$$

和

$$p^2 = 2m\omega P\cos^2 Q.$$

最后两个方程用 P 和 Q 表示 p 和 q. 方程 $K=H$ 说明，由上述变换方程中用 P 和 Q 表示 p 和 q 而得到的新哈密顿量和旧哈密顿量的形式完全相同. 因此，

$$K(P,Q) = \frac{2m\omega P\cos^2 Q}{2m} + \frac{m^2\omega^2\left(\frac{2}{m\omega}P\sin^2 Q\right)}{2m}$$

$$= \omega P(\cos^2 Q + \sin^2 Q) = \omega P.$$

因此，可得哈密顿量，其中 Q 是循环的. 但如果哈密顿量的 Q 是循环的，那么 P 是常数. 在这种情况下，哈密顿量是总能量 E，所以可以写

$$P = \frac{E}{\omega}.$$

对 Q 的哈密顿方程是

$$\dot{Q} = \frac{\partial K}{\partial P} = \omega.$$

对其积分以得到

$$Q = \omega t + \beta,$$

其中 β 是积分常数. 变换回原始坐标

$$q = \sqrt{\frac{2P}{m\omega}}\sin Q,$$

所以

$$q = \sqrt{\frac{2E}{m\omega^2}}\sin(\omega t + \beta),$$

问题解决.

解决这样简单问题的应用类似于用大锤敲花生[⊖]. 然而，它强调

⊖ Herbert Goldstein, Classical Mechanics, Addison – Wesley Pub. Co., Reading MA, USA, 1950, 第247页.

在力学中，哈密顿量是理论而不是实用工具.（当然，在做量子力学的时候，这是不正确的，在那里使用哈密顿量是解决许多问题的唯一合理方法.）

练习 5.4　证明对于谐振子，$p=\sqrt{2mE}\cos(\omega t+\beta)$.

5.3 泊松括号

现在引入泊松括号. 所使用的记号一开始可能会混淆，但读者很可能会很快地理解泊松括号在哈密顿动力学的发展中是非常有用的. 它们还铺平了将古典动力学转化为量子力学的道路. 在实用的层面上，泊松括号给出简单的方法以确定从一组变量到另一组变量的变换.

令 p 和 q 为正则变量，并令 u 和 v 为 p 和 q 的函数. u 和 v 的泊松括号定义为

$$[u,v]_{q,p} \equiv \frac{\partial u}{\partial q}\frac{\partial v}{vp}-\frac{\partial u}{\partial p}\frac{\partial v}{\partial q}. \tag{5.20}$$

推广到包含 n 个自由度的系统有

$$[u,v]=\sum_{i=1}^{n}\left(\frac{\partial u}{\partial q_i}\frac{\partial v}{\partial p_i}-\frac{\partial u}{\partial p_i}\frac{\partial v}{\partial q_i}\right).$$

使用爱因斯坦求和约定（标记法），可写为

$$[u,v]=\frac{\partial u}{\partial q_i}\frac{\partial v}{\partial p_i}-\frac{\partial u}{\partial p_i}\frac{\partial v}{\partial q_i}. \tag{5.21}$$

由泊松括号的定义，显然有

$$[q_i,q_j]=[p_i,p_j]=0. \tag{5.22}$$

以及

$$[q_i,p_j]=-[p_i,q_j]=\delta_{ij}. \tag{5.23}$$

有趣的是，注意到涉及泊松括号的关系可以通过将泊松括号与量子对易的如下简单处理变换成量子力学关系：

$$[u,v]\rightarrow\frac{1}{i\hbar}(\hat{u}\,\hat{v}-\hat{v}\,\hat{u}), \tag{5.24}$$

式（5.24）中，u 和 v 是经典函数，而$\hat{u}$和$\hat{v}$则是相应的量子力学算符.

在正则变量的变换中，泊松括号不变. 即

$$[u,v]_{q,p} = [u,v]_{Q,P}.$$

换言之，泊松括号是正则不变量. 这一关系为我们提供了简单的方法，用以确定在什么情况下一组变量是正则的.

处理泊松括号的法则

有几个涉及泊松括号的简单法则可以（大部分）通过写出泊松括号的定义来立即证明. 这些法则基本上定义了泊松括号的运算. 它们为

$$[u, u] = 0, \tag{5.25}$$

$$[u,v] = -[v,u], \tag{5.26}$$

$$[au + bv,w] = a[u,w] + b[v,w], \tag{5.27}$$

$$[uv,w] = [u,w]v + u[v,w]. \tag{5.28}$$

一个稍难证明但有用的关系式称为雅可比恒等式，即

$$[u,[v,w]] + [v,[w,u]] + [w,[u,v]] = 0. \tag{5.29}$$

练习 5.5　证明方程（5.22）和方程（5.23）.

练习 5.6　证明泊松括号在正则变换中不变.

练习 5.7　证明方程（5.25）和方程（5.26）.

5.4 用泊松括号表示的运动方程

前文已经用多种方式表达了机械系统的运动方程，包括牛顿第二定律、拉格朗日方程和哈密顿方程. 运动方程也可以用泊松括号表示，正如现在所证明的.

回想一下，哈密顿方程是关于$\dot{q}_i$ 和$\dot{p}_i$ 一组 $2n$ 个一阶方程，$\dot{q}_i$ 和$\dot{p}_i$为变量的一阶导数.（这与拉格朗日方程或牛顿定律不同，后者是$\ddot{q}_i$的 n 个二阶方程组.）

如果 u 是 q_i，p_i，t 的函数，可以写成

$$\frac{\mathrm{d}u}{\mathrm{d}t} = \frac{\partial u}{\partial q_i}\dot{q}_i + \frac{\partial u}{\partial p_i}\dot{p}_i + \frac{\partial u}{\partial t}.$$

但$\dot{q}_i$和$\dot{p}_i$可以用哈密顿方程表示，因此可得

$$\begin{aligned}\frac{\mathrm{d}u}{\mathrm{d}t} &= \frac{\partial u}{\partial q_i}\frac{\partial H}{\partial p_i} - \frac{\partial u}{\partial p_i}\frac{\partial H}{\partial q_i} + \frac{\partial u}{\partial t} \\ &= [u,H] + \frac{\partial u}{\partial t}. \end{aligned} \tag{5.30}$$

若$u=$常数，则$\frac{\mathrm{d}u}{\mathrm{d}t}=0$且$[u,H]=-\frac{\partial u}{\partial t}$. 因此若$u$不显式依赖$t$，则$[u,H]=0$.⊖

现在假设$u=q$，有

$$\dot{q} = [q,H]. \tag{5.31}$$

类似地，

$$\dot{p} = [p,H]. \tag{5.32}$$

因此已经用泊松括号写出了哈密顿运动方程. 进一步地，若令$u=H$，则

$$\frac{\mathrm{d}H}{\mathrm{d}t} = [H,H] + \frac{\partial H}{\partial t},$$

或

$$\frac{\mathrm{d}H}{\mathrm{d}t} = \frac{\partial H}{\partial t}, \tag{5.33}$$

正如已经见过的［方程（4.19）］.

在列矩阵$\boldsymbol{\eta}$的分量为q_1，…，p_n的辛记号中，可以将方程（5.31）和方程（5.32）组合成一个，因此

$$\dot{\boldsymbol{\eta}} = [\boldsymbol{\eta},H]. \tag{5.34}$$

如果时间t的值已知，这是在以后某个时间生成q_1，…，p_n值的处理，因为

$$\boldsymbol{\eta}(t+\mathrm{d}t) = \boldsymbol{\eta}(t) + \dot{\boldsymbol{\eta}}\mathrm{d}t.$$

5.4.1　无穷小正则变换

在无穷小正则变换中，新的坐标与旧的坐标只有无穷小的差别.

⊖ 在量子力学术语中，我们会说$\hat{u}$与$\hat{H}$可交换，参见方程（5.24）. 读者可能还记得，在量子力学课程中，守恒量与哈密顿量之间可交换.

因此，从 p_i、q_i 到 P_i、Q_i 的变换方程将具有以下形式：

$$Q_i = q_i + \delta q_i,$$
$$P_i = p_i + \delta p_i.$$

（关于符号上的一点说明．这里 δq_i 和 δp_i 是 q_i 和 p_i 中的微小变化，不是虚拟位移.）

对于恒等变换，写为

$$p_i = \frac{\partial F_2}{\partial q_i},$$
$$Q_i = \frac{\partial F_2}{\partial P_i}.$$

这里 $F_2 = \sum q_i P_i$.［见方程（5.14）.］因此，与恒等变换有无穷小差别的无穷小正则变换具有由下式给出的“生成函数”：

$$F_2(q,P,t) = \sum q_i P_i + \varepsilon G(q,P,t),$$

式中，ε 是无穷小量，G 是任意函数．然后，根据 F_2 变换的法则［方程（5.14）］，可以看到

$$p_j = \frac{\partial F_2}{\partial q_j} = P_j + \varepsilon \frac{\partial G}{\partial q_j},$$
$$Q_j = \frac{\partial F_2}{\partial P_j} = q_j + \varepsilon \frac{\partial G}{\partial P_j}.$$

现在，

$$\delta q_j = Q_j - q_j = \varepsilon \frac{\partial G}{\partial P_j},$$

而且到 ε 的一阶项，可写为

$$\delta q_j = \varepsilon \frac{\partial G}{\partial p_j}. \tag{5.35}$$

类似地，$\delta p_j = P_j - p_j$，故

$$\delta p_j = -\varepsilon \frac{\partial G}{\partial q_j}. \tag{5.36}$$

在辛符号体系中，方程（5.35）和方程（5.36）表示为

$$\boldsymbol{\delta\eta} = \varepsilon[\boldsymbol{\eta}, G]. \tag{5.37}$$

由于 F_2 保证生成正则变换，可以理解式（5.37）确实是极小正则变换.

一般来说，

$$\boldsymbol{\zeta} = \boldsymbol{\eta} + \delta\boldsymbol{\eta} \tag{5.38}$$

是从 q_1，…，p_n 到相空间 $q_1 + \delta q_1$，…，$p_n + \delta p_n$ 中的邻近点的变换. 但如果量 G 取为哈密顿量 H，则变换是 $q_1(t)$，…，$p_n(t)$ 至 $q_1(t + \mathrm{d}t)$，…，$p_n(t + \mathrm{d}t)$ 的时间位移.（这种在时间上的正则变换有时被称为"接触"变换.）因此，哈密顿量是系统在时间上运动的生成元，它生成在以后的时刻的正则变量.

现在考虑在正则变换下函数 $u = u(q,p)$ 的变化. 请注意，有两种方法可以解释正则变换. 一方面，它将系统的描述从一组旧的规范变量 q，p 改为一组新的规范变量 Q，P. 在这种变换下，函数 u 可能有不同的形式，但它仍然具有相同的值. 因此，如果 $q_1(t),\cdots,p_n(t)$ 用 A 表示，$Q_1(t),\cdots,P_n(t)$ 用 A' 表示，变换后的函数 $u(A')$ 具有与原始函数 $u(A)$ 相同的值：

$$u(A') = u(A).$$

（不论用来计算它的坐标集是哪个，旋转物体的总角动量的值是相同的.）当然，$u(A')$ 一般来说与 $u(A)$ 有不同的数学形式.［在笛卡儿坐标系中，在圆中移动的质点的角动量为 $m(x\dot{y} - y\dot{x})$，在极坐标系中为 $mr^2\dot{\theta}$.］

另一方面，如果考虑在时间上产生平移的无穷小接触变换，那么解释是完全不同的. 现在，变换从 $q_1(t),\cdots,p_n(t)$，的 A 开始，到在同一相空间（具有相同的相空间轴组），但在以后的时间上的表示为 $q_1(t + \mathrm{d}t),\cdots,p_n(t + \mathrm{d}t)$ 的 B. 由于处于同一相空间，并且使用同一组坐标，u 的形式不变，但它的值变化. 把函数 u 的这种变化表示为

$$\partial u = u(B) - u(A).$$

但由于 $u = u(q,p)$，可写为

$$\begin{aligned}\partial u &= \frac{\partial u}{\partial q_i}\delta q_i + \frac{\partial u}{\partial p_i}\delta p_i \\ &= \frac{\partial u}{\partial q_i}\varepsilon\frac{\partial G}{\partial p_i} + \frac{\partial u}{\partial p_i}\left(-\varepsilon\frac{\partial G}{\partial q_i}\right) \\ &= \varepsilon\left[\frac{\partial u}{\partial q_i}\frac{\partial G}{\partial p_i} - \frac{\partial u}{\partial p_i}\frac{\partial G}{\partial q_i}\right],\end{aligned}$$

或

$$\partial u = \varepsilon[u,G]. \tag{5.39}$$

现在考虑接触变换下哈密顿量的变化. 哈密顿量与普通函数 u 的区别如下. 在正则变换 $u(A)\to u(A')$ 下，u 的值是常数，但对于哈密顿量而言，从 A 到 A' 的正则变换可以产生具有不同值的函数. 实际上，变换后的哈密顿函数通常是完全不同的函数. 这是因为哈密顿量不是有特定值的函数，而是定义运动正则方程的函数. 因此，必须写为

$$H(A) \to K(A').$$

已知，

$$K = H + \frac{\partial F}{\partial t}.$$

但对于无穷小正则变换，我们希望 K 与 H 的差值只有无穷小，所以 F 近似等于恒等变换. 和以前一样，写

$$F_2 = \sum q_i P_i + \varepsilon G(q,P,t).$$

故

$$K(A') = H(A) + \frac{\partial}{\partial t}\left(\sum q_i P_i + \varepsilon G(q,P,t)\right) = H(A) + \varepsilon\frac{\partial G}{\partial t},$$

及

$$\partial H = H(B) - K(A') = H(B) - H(A) - \varepsilon\frac{\partial G}{\partial t}.$$

但

$$H(B) - H(A) = \varepsilon[H,G],$$

所以

$$\partial H = \varepsilon[H,G] - \varepsilon\frac{\partial G}{\partial t}.$$

现在由方程（5.30），

$$\frac{\mathrm{d}G}{\mathrm{d}t} = [G,H] + \frac{\partial G}{\partial t}.$$

因此

$$\varepsilon\frac{\partial G}{\partial t} = \varepsilon\frac{\mathrm{d}G}{\mathrm{d}t} - \varepsilon[G,H],$$

及

$$\partial H = \varepsilon[H,G] - \varepsilon\frac{\mathrm{d}G}{\mathrm{d}t} + \varepsilon[G,H] = -\varepsilon\frac{\mathrm{d}G}{\mathrm{d}t}. \tag{5.40}$$

如果 G 是运动常数，则$\frac{\mathrm{d}G}{\mathrm{d}t}=0$ 及$\partial H=0$. 即如果产生函数是运动常数，则哈密顿量是不变的. 这说明对称与运动常数的关系密切相关. 回顾在一个平移中如果包含可忽略坐标，哈密顿量不变，共轭广义动量是常数. 但是，如果哈密顿量是不变的，则无穷小正则变换的生成元 G，必须是运动常数（因为这时，$\frac{\mathrm{d}G}{\mathrm{d}t}=0$）. 即对称（某个坐标的循环性质）可导出运动常数（G）.

5.4.2 正则不变量

到目前为止，已经考虑了两个正则不变量，即变量从 p，q 到 P，Q 进行正则变换时不变的量. 第一组正则不变量当然是哈密顿方程. 第二个是泊松括号. 任何用泊松括号表示的方程在变量的正则变换下都是不变的. 实际上，可以建立基于泊松括号的力学系统，其中所有方程对任何一组正则变量都是相同的.

第三个可以证明是规范不变量的量是相空间中的体积元. 换句话说，如果以变量 q_i，p_i 表示的体积元是

$$\mathrm{d}\eta = \mathrm{d}q_1\mathrm{d}q_2\cdots\mathrm{d}q_n\mathrm{d}p_1\mathrm{d}p_2\cdots\mathrm{d}p_n,$$

以及以变量 Q_i，P_i 表示的体积元是

$$\mathrm{d}\zeta = \mathrm{d}Q_1\mathrm{d}Q_2\cdots\mathrm{d}Q_n\mathrm{d}P_1\mathrm{d}P_2\cdots\mathrm{d}P_n,$$

则

$$\mathrm{d}\eta = \mathrm{d}\zeta. \tag{5.41}$$

现在考虑此论断的证明. 证明基于这样的事实：用一组变量（x_1，x_2，…，x_n）表示的无穷小体积元素到另一组变量（q_1，

q_2，…，q_m）的变换由下式给出

$$\mathrm{d}x_1\mathrm{d}x_2\cdots\mathrm{d}x_n = D\mathrm{d}q_1\mathrm{d}q_2\cdots\mathrm{d}q_m,$$

其中 D 是雅可比行列式，由下式给出：

$$D = \frac{\partial(q_1,\cdots,q_m)}{\partial(x_1,\cdots,x_n)} = \begin{vmatrix} \frac{\partial q_1}{\partial x_1} & \frac{\partial q_1}{\partial x_2} & \cdots & \frac{\partial q_1}{\partial x_n} \\ \vdots & \vdots & & \vdots \\ \frac{\partial q_m}{\partial x_1} & \frac{\partial q_m}{\partial x_2} & \cdots & \frac{\partial q_m}{\partial x_n} \end{vmatrix}.$$

用两组正则变量（q_1，…，p_n）和（Q_1，…，P_n）表示的相空间的某些区域的体积是

$$\iint\cdots\int \mathrm{d}Q_1\mathrm{d}Q_2\cdots\mathrm{d}P_n = \iint\cdots\int D\mathrm{d}q_1\mathrm{d}q_2\cdots\mathrm{d}p_n.$$

当且仅当 $D=1$ 时，体积是不变的. 因此，在正则变换下体积不变性的证明被简化为证明雅可比行列式等于1.

注意

$$D = \frac{\partial(Q_1,\cdots,P_n)}{\partial(q_1,\cdots,p_n)} = \begin{vmatrix} \frac{\partial Q_1}{\partial q_1} & \frac{\partial Q_1}{\partial q_2} & \cdots & \frac{\partial Q_1}{\partial p_n} \\ \vdots & \vdots & & \vdots \\ \frac{\partial P_n}{\partial q_1} & \frac{\partial P_n}{\partial q_2} & \cdots & \frac{\partial P_n}{\partial p_n} \end{vmatrix}.$$

现在，雅可比行列式可以被当作分数来处理，如果我们把顶部和底部除以$\partial(q_1,\cdots,q_n,P_1,\cdots,P_n)$，$D$ 的值不变，因此

$$D = \frac{\partial(Q_1,\cdots,P_n)}{\partial(q_1,\cdots,p_n)} = \frac{\dfrac{\partial(Q_1,\cdots,P_n)}{\partial(q_1,\cdots,q_n,P_1,\cdots,P_n)}}{\dfrac{\partial(q_1,\cdots,p_n)}{\partial(q_1,\cdots,q_n,P_1,\cdots,P_n)}}.$$

雅可比行列式的另一个性质（从行列式的性质得出）是，如果分子和分母中出现相同的量，它们可以被约去，因此得到一个低阶雅可比行列式[1]. 因此，可以写为

[1] 例如可参考《Mathematical Methods for Physics and Engineering》的第6.4.4节，K. F. Riley，M. P. Hobson 和 S. J. Bence 著，第二版，Cambridge University Press，2002.

$$D = \frac{\partial(Q_1,\cdots,Q_n)/\partial(q_1,\cdots,q_n)}{\partial(p_1,\cdots,p_n)/\partial(P_1,\cdots,P_n)} = \frac{|n|}{|d|}.$$

在这里，去掉了分子中的 P 和分母中的 q.（数量 $|n|$ 表示分子的行列式，$|d|$ 表示分母的行列式.）分子中行列式的第 ik 个元素是

$$n_{ik} = \frac{\partial Q_i}{\partial q_k},$$

分母的 ki 个元素是

$$d_{ki} = \frac{\partial p_k}{\partial P_i}.$$

如果正则变换的生成函数具有形式 $F = F_2(q_i, P_i, t)$，然后由方程（5.14），

$$p_i = \frac{\partial F}{\partial q_i},$$

$$Q_i = \frac{\partial F}{\partial p_i},$$

因此分子的 ik 个元素是

$$n_{ik} = \frac{\partial}{\partial q_k}\frac{\partial F}{\partial P_i} = \frac{\partial^2 F}{\partial q_k \partial P_i},$$

分母的 ki 个元素是

$$d_{ki} = \frac{\partial}{\partial P_i}\frac{\partial F}{\partial q_k} = \frac{\partial^2 F}{\partial q_k \partial P_i},$$

因此，这两个行列式的区别仅仅在于行和列是互换的. 这不影响行列式的值，因此我们得出 $D=1$ 的结论，并且证明了这个断言.

练习 5.8 证明：对于从笛卡儿坐标到极坐标的变换，$D=r$.

练习 5.9 考虑从（q, p）到（Q, P）的正则变换.（这里 $n=1$.）

（a）证明：

$$\frac{\partial(Q,P)}{\partial(q,p)} = \frac{\partial(Q,P)/\partial(q,P)}{\partial(q,p)/\partial(q,P)}.$$

（b）证明：

$$\frac{\partial(Q,P)}{\partial(q,P)} = \frac{\partial Q}{\partial q}.$$

5.4.3 刘维尔定理

回想一下相流体和实际流体之间的类比，并考虑到一些流体是不可压缩的.（水是不可压缩流体很好的例子.）从流体动力学的角度来看，如果流体是不可压缩的，那么速度场$\boldsymbol{v}=\boldsymbol{v}(x,y,z)$的散度为零：$\nabla\cdot\boldsymbol{v}=0$. 相流体的表现类似于$2n$维不可压缩流体. 这种流体的“速度”分量是$\dot{q}_i$和$\dot{p}_i$. 因此，不可压缩性的条件是

$$\sum_{i=1}^{n}\left(\frac{\partial\dot{q}_i}{\partial q_i}+\frac{\partial\dot{p}_i}{\partial p_i}\right)=0. \tag{5.42}$$

将散度定理应用于不可压缩流体的速度，流体在任何封闭表面上的通量为零. 同样，相空间中任何封闭表面上的相流体的通量为零. 这一事实，最先由刘维尔发现，被称为“刘维尔定理”，由于系统在时间上的发展可以被看作是正则变换，这只是另一种说明相流体的一个区域的体积在时间上是常数的方法，这是正则变换的一个性质.

刘维尔定理在统计力学中特别有用. 例如，在考虑气体时，系统可能包含大约10^{26}个分子. 显然，跟踪每个质点的运动是不可能的. 在统计力学中，这类问题的处理方法是：想象这类系统的整体集合，并评估相关参数的整体平均值. 例如，系统可以由大量相同的气体分子系统组成，这些系统只在初始条件下有所不同. 在相空间中，整体的每一个成员都由一个点来表示，而整体则由大量的点来表示. 刘维尔定理指出，这些点的密度在时间上保持不变. 注意，如果相流体是不可压缩的，那么它的密度是恒定的. 相流体的密度恒定的意思是在给定的体积中点的数量不变. 每个点代表一个系统. 随着时间的推移，体积中的点沿着它们的相路径移动，包围它们的曲面将被扭曲，但其体积将与以前相同. 现在相位空间区域的体积由

$$\tau=\int\mathrm{d}q_1\cdots\mathrm{d}q_n\mathrm{d}p_1\cdots\mathrm{d}p_n$$

给出. 刘维尔定理给出了额外的运动常数，即

$$\tau=\text{常数}.$$

另一个观点是考虑包含多个系统的相空间的无穷小区域. 密度就

是系统的数量除以体积. 稍后，这些系统将移动到不同的相空间区域. 包围点的区域将改变形状，但将具有与以前相同的体积，因为相空间中的体积元素是规范不变量. 但如果系统的个数是常数，体积是常数，那么密度也是常数，则证明了这个定理.

有趣的是，如果密度用 ρ 表示，一般来说，

$$\frac{\mathrm{d}\rho}{\mathrm{d}t} = [\rho, H] + \frac{\partial \rho}{\partial t}.$$

但由于 $\frac{\mathrm{d}\rho}{\mathrm{d}t}=0$，我们有

$$\frac{\partial \rho}{\partial t} = -[\rho, H].$$

练习 5.10 证明：如果 $\nabla \cdot \boldsymbol{v}=0$，则没有穿过给定体积边界的净流量.（提示：使用散度定理.）

练习 5.11 证明方程（5.42）在一般情况下是正确的.

5.4.4 角动量

无穷小正则变换的另一个应用涉及系统的角动量. 如果系统相对于某个旋转是对称的，那么旋转角（比如 θ）是循环的，共轭广义动量（角动量 L）将是常数[⊖]. 相反，如果生成函数是角动量，那么变换是刚性旋转. 如下所示，令

$$G = L_z = \sum (\boldsymbol{r}_i \times \boldsymbol{p}_i)_z = \sum (x_i p_{yi} - y_i p_{xi}).$$

（为了简单起见，我们选择了角动量的 z 分量：这并不意味着缺乏一般性.）如果围绕 z 轴进行极小地旋转 $\mathrm{d}\theta$，很容易证明

$$\delta x_i = -y_i \mathrm{d}\theta,$$
$$\delta y_i = x_i \mathrm{d}\theta,$$
$$\delta z_i = 0,$$

和

$$\delta p_{xi} = -p_{yi}\mathrm{d}\theta,$$

⊖ 不要将角动量向量 $\boldsymbol{L}$ 与拉格朗日量 L 混淆.

$$\delta p_{yi} = p_{xi}\mathrm{d}\theta,$$
$$\delta p_{zi} = 0.$$

现在已经看到 $\delta q_j = \varepsilon \dfrac{\partial G}{\partial p_j}$［方程（5.35）］和 $\delta p_j = -\varepsilon \dfrac{\partial G}{\partial q_j}$［方程（5.36）］，因此，如果使用 $\mathrm{d}\theta$ 来表示无穷小参数 ε，则有

$$\partial x_i = \varepsilon \frac{\partial G}{\partial p_{xi}} = \varepsilon \frac{\partial}{\partial p_{xi}}\left(\sum_j x_j p_{yj} - y_j p_{xj}\right) = \varepsilon(-y_i) = -y_i \mathrm{d}\theta,$$

其他关系也同样如此.

5.5 用泊松括号表示的角动量

已经看到无穷小正则变换在函数 u 中产生一个变化，由

$$\partial u = \varepsilon[u, G]$$

给出. 在“主动”解释中，无穷小正则变换是一种由于系统参数的某些变化而产生函数（新）值的变换. 特别地，如果 G 是哈密顿量，那么令 $\varepsilon = \mathrm{d}t$，$\partial u$ 是当时间参数从 t 到 $t + \mathrm{d}t$ 时函数 u 的变化. 如果 G 是其他函数，那么∂u 代表 u 中的另外一种不同类型的变化.

如果 u 是向量 $\boldsymbol{F}$ 的一个特殊分量（比如 F_i），那么由于无穷小正则变换，F_i 的变化是

$$\partial F_i = \varepsilon[F_i, G].$$

如果 $\boldsymbol{G}$ 是角动量的一个分量（$G = \hat{\boldsymbol{n}} \cdot \boldsymbol{L}$），且 ε 取 $\mathrm{d}\theta$，则无穷小正则变换给出了由于系统绕 $\hat{\boldsymbol{n}}$ 旋转角度 $\mathrm{d}\theta$ 而引起的 F_i 的变化：

$$\partial F_i = \mathrm{d}\theta\,[F_i, \hat{\boldsymbol{n}} \cdot \boldsymbol{L}].$$

请注意，该无穷小正则变换给出了分量 F_i 沿空间固定方向（即沿固定轴）的变化. 例如，F_i 可能是 $\boldsymbol{F} \cdot \hat{\boldsymbol{k}}$，其中，假定笛卡儿单位向量 $\hat{\boldsymbol{i}}$，$\hat{\boldsymbol{j}}$，$\hat{\boldsymbol{k}}$ 固定在空间中，不受旋转影响. 显然，一些矢量的分量受旋转的影响，而其他矢量则不受影响. 固定在物体上的轴随它旋转；固定在空间上的轴不随它旋转. 外部向量，如引力，显然不受物体旋转的影响. 另一方面，一般来说，系统角动量的某个分量会受到这种旋转的影响. “系统向量”是一种向量，其分量取决于物体的方向，并

受系统旋转的影响.

根据矢量分析，由于围绕某个轴 $\hat{\boldsymbol{n}}$ 的极小旋转 $d\theta$，系统矢量的变化是

$$dF = \hat{n} d\theta \times F,$$

而泊松括号公式得出

$$\partial F = d\theta [F, \hat{n} \cdot L].$$

这两种表示必须是等价的，所以

$$[F, \hat{n} \cdot L] = \hat{n} \times F. \tag{5.43}$$

这个方程特别有趣和有用，因为对旋转的所有依赖都已被删除，并且对所有系统向量都有效. 它给出了含有某个角动量分量的系统向量的泊松括号 $[\boldsymbol{F},\ \hat{\boldsymbol{n}} \cdot \boldsymbol{L}]$ 与角动量分量方向上单位向量与系统向量之间的叉乘 $\hat{\boldsymbol{n}} \times \boldsymbol{F}$ 之间的关系. 有时这个关系式更容易用分量表示，在这种情况下，写为

$$[F_i, L_j] = \varepsilon_{ijk} F_k. \tag{5.44}$$

这里 ε_{ijk} 为 Levi－Civita 密度㊀.

另一个有用的关系涉及两个系统向量（如 $\boldsymbol{F}$ 和 $\boldsymbol{V}$）的点乘和 $\boldsymbol{L}$ 的某个分量的泊松括号. 利用式（5.43）

$$\begin{aligned}[F \cdot V, \hat{n} \cdot L] &= F \cdot [V, \hat{n} \cdot L] + V \cdot [F, \hat{n} \cdot L] \\ &= F \cdot (\hat{n} \times V) + V \cdot (\hat{n} \times F) \\ &= (F \times \hat{n}) \cdot V + V \cdot (\hat{n} \times F) = 0. \end{aligned} \tag{5.45}$$

式中对第一项交换了点乘和叉乘. 如果 $\boldsymbol{F}$ 和 $\boldsymbol{V}$ 都取为 $\boldsymbol{L}$，则方程（5.44）给出了角动量分量之间的关系

$$[L_i, L_j] = \varepsilon_{ijk} L_k, \tag{5.46}$$

且方程（5.45）给出

$$[L^2, \hat{n} \cdot L] = 0. \tag{5.47}$$

可以很容易地证明，任意两个运动常数的泊松括号也是运动常数.（这被称为泊松定理.）因此，如果 L_x 和 L_y 是运动常数，那么由

㊀ 如果任意两个指标相等，则 Levi－Civita 密度 ε_{ijk} 定义为零；如果 ijk 是 123 的偶数排列，则为 +1；如果 ijk 是 123 的奇数排列，则为 −1.

式（5.46），L_z 也是. 回顾一下，根据方程（5.22），任意两个正则动量分量的泊松括号都是零. 但是$[L_i, L_j] = \varepsilon_{ijk}L_k$，所以 L_i 和 L_j 不能是正则变量. 更一般地说，$\boldsymbol{L}$ 的任何两个分量都不能同时是正则变量. 另一方面，关系式$[L^2, \hat{\boldsymbol{n}} \cdot \boldsymbol{L}] = 0$ 表明，L（或 L^2）的量值和 $\boldsymbol{L}$ 的一个分量可以同时是正则变量[㊀].

此外，如果 $\boldsymbol{p}$ 是系统的线性动量并且如果 p_z 是常数，那么 p_x 和 p_y 也是. 这很容易被证明，因为由方程（5.44），

$$[p_z, L_x] = p_y,$$

并且根据泊松定理，如果 p_z 和 L_x 是常数，那么 p_y 也是常数. 同样地，

$$[p_z, L_y] = -p_x$$

所以 p_x 也是常数. 因此，如果 L_x、L_y 和 p_z 为常数，$\boldsymbol{L}$ 和 $\boldsymbol{p}$ 都是守恒的.

所有这些都可能是在量子力学的学习中熟悉的关系.

5.6 习题

5.1 （a）证明变换

$$Q = p/\tan q,$$
$$P = \log(\sin q/p)$$

是正则的；（b）求此变换的生成函数 $F_1(q, Q)$.

5.2 设 $H(q_1, q_2, p_1, p_2) = q_1p_1 - q_2p_2 - aq_1^2 + bq_2^2$，其中 a 和 b 为常数. 证明 q_1q_2 关于时间的导数为零.（利用泊松括号.）

5.3 在什么条件下如下变换不是正则的？

$$Q = q + ip,$$
$$P = Q^*.$$

5.4 考虑生成函数

㊀ 这句话延续到量子力学中，我们发现 $\boldsymbol{L}$ 的两个分量都不能同时具有特征值. 但是，例如：L_z 和 L^2 可以一起量子化.

$$F_2(q,P) = (q+P)^2.$$

求变换方程.

5.5 落体的哈密顿量是

$$H = \frac{p^2}{2m} + mgz,$$

其中 g 是重力加速度. 若 $K=P$，确定生成函数 $F_4(p,P)$.

5.6 $F_1(q,Q)=q^2+Q^4$ 是否生成正则变换?

5.7 假设 f 和 g 是运动常数. 证明它们的泊松括号也是运动的一个积分.

5.8 证明雅可比恒等式［方程（5.29）］. 证明交换器 $[\boldsymbol{A},\boldsymbol{B}]=\boldsymbol{AB}-\boldsymbol{BA}$ 也满足类似于雅可比恒等式的关系. 即证明 $[\boldsymbol{A},\boldsymbol{BC}]=[\boldsymbol{A},\boldsymbol{B}]\boldsymbol{C}+\boldsymbol{B}[\boldsymbol{A},\boldsymbol{C}]$.

5.9 考虑 $F_3(p_i,Q_i,t)$ 形式的生成函数.（a）推导方程（5.15）给出的 q_i、P_i 和 K 的表达式;（b）如果 $F_3=pQ$，则确定 q、P 和 K.

5.10 假设 q 和 p 是正则的. 证明如果 Q 和 P 是正则的，那么以下条件成立

$$\frac{\partial Q}{\partial q} = \frac{\partial p}{\partial P}, \frac{\partial Q}{\partial p} = -\frac{\partial q}{\partial P}, \frac{\partial P}{\partial q} = -\frac{\partial p}{\partial Q}, \frac{\partial P}{\partial p} = \frac{\partial q}{\partial Q}.$$

用泊松括号直接证明.

第 6 章

哈密顿 - 雅可比理论

在前一章中提到，没有通用的技术来求解 n 个耦合的二阶拉格朗日运动方程，但雅可比推导出了求解 $2n$ 个耦合运动正则方程的通用方法，可以用初始值和时间确定所有的位置和动量变量.

求解哈密顿正则方程有两种稍有不同的方法. 一个更一般，另一个更简单，但只适用于能量守恒的系统. 首先用更一般的方法，然后用第二种方法解决谐振子问题.

这两种方法都涉及求解关于被称为“哈密顿主函数”的量 S 的偏微分方程. 求解整个运动方程组的问题被简化为求解函数 S 的偏微分方程. 这个偏微分方程被称为“哈密顿 - 雅可比方程”，从理论上讲，将动力学问题简化为仅求解一个方程是相当令人满意的，但从实际的角度来说 ，这并没有多大帮助，因为 S 的偏微分方程通常是非常难以解决的. 能够通过获得 S 的解可以解决的问题通常可以通过其他方法更容易地解决.

然而，哈密顿 - 雅可比方程的解是重要的，这其中原因有很多. 首先，此分析在光学光线和力学相空间路径之间绘制“光学机械类比”. 也就是说，可以从力学的角度来处理波. 当然，这导致了“波力学”和量子理论.

6.1 哈密顿 - 雅可比方程

当确定了广义坐标与动量用初始条件和时间表示的关系时，称动力学问题被解决.

初始条件可以用 q_0 和 p_0 表示，即 $t=0$ 时坐标（q_i）和动量（p_i）的常数值. 动力学问题的解是一组关系

$$q = q(q_0, p_0, t),$$
$$p = p(q_0, p_0, t). \tag{6.1}$$

这些方程可以看作一组正则变量 q，p 和一组新的 q_0，p_0 之间的变换方程. 找到动力学问题的某个解相当于找到从 q，p 到 q_0，p_0 的变换. 但是 q_0，p_0 是常数，因此需要找到从规范变量（q，p）到一组常量变量的变换. 现在展示如何做到这一点.

正则变换把哈密顿量 $H = H(p, q, t)$ 变为变换后的哈密顿量 $K = K(P, Q, t)$，其中

$$\dot{Q}_i = \frac{\partial K}{\partial P_i},$$
$$\dot{P}_i = -\frac{\partial K}{\partial Q_i},$$

以及

$$K = H + \frac{\partial F}{\partial t}.$$

如果新变量是常数，有 $\dot{Q}_i = 0$ 和 $\dot{P}_i = 0$.（希望“新”变量是坐标和动量的常量初始值.）新变量是常量的要求可以非常简单地通过要求 K 是常量来保证. 实际上，如果令 $K = 0$，那么显然 $\dot{Q}_i = 0$ 和 $\dot{P}_i = 0$. 设置 $K = 0$，得出

$$H + \frac{\partial F}{\partial t} = 0. \tag{6.2}$$

这是可以解 F 的微分方程（回想一下，F 是正则变换的生成函数）.

选择 F 的形式为 $F = F_2(q, P, t)$. 这是合理的选择，因为这个生成函数把 p 变到 P，把 q 变到 Q. 回顾一下，这是无穷小接触变换的基础，它把某个时刻的 q 和 p 变到另一时刻的 q 和 p. 以前用 F_2 来表示这个生成函数，但是现在，出于历史原因，用 S 来表示它.（暂时）还不知道 S 的函数形式，但是知道

$$S = S(q, P, t).$$

在哈密顿 - 雅可比理论中，函数 S 称为哈密顿主函数.

由方程（5.14）有

$$p_i = \frac{\partial S}{\partial q_i},$$

$$Q_i = \frac{\partial S}{\partial P_i}, \tag{6.3}$$

$$K = H + \frac{\partial S}{\partial t}.$$

如果能确定 S，那么就能生成变换方程（6.1），问题就解决了.

将方程（6.2）用 S 表示可得如下关系：

$$H(q_1, \cdots, q_n; p_1, \cdots, p_n; t) + \frac{\partial S}{\partial t} = 0.$$

但 $p_i = \frac{\partial S}{\partial q_i}$，则可以写为

$$H\left(q_1, \cdots, q_n; \frac{\partial S}{\partial q_1}, \cdots, \frac{\partial S}{\partial q_n}; t\right) + \frac{\partial S}{\partial t} = 0. \tag{6.4}$$

这是 S 的偏微分方程，叫作哈密顿－雅可比方程. 给定 H 的函数形式，可以解出 S.

记住，新的变量 P 和 Q 是常数初始条件. 为了强调这一点，通常用 α_i 表示 P_i，用 β_i 表示 Q_i. 则

$$S = S(q_i, \alpha_i, t).$$

由方程（6.3），得

$$p_i = \frac{\partial S}{\partial q_i} = \frac{\partial S(q_i, \alpha_i, t)}{\partial q_i}, \tag{6.5}$$

和

$$\beta_i = Q_i = \frac{\partial S}{\partial \alpha_i} = \frac{\partial S(q_i, \alpha_i, t)}{\partial \alpha_i}, \tag{6.6}$$

如果方程（6.6）可逆，得

$$q_i = q_i(\alpha_i, \beta_i, t). \tag{6.7}$$

将方程（6.7）代入方程（6.5）给出

$$p_i = \frac{\partial}{\partial q_i} S(p_i(\alpha_i, \beta_i, t)\alpha_i, t).$$

或

$$p_i = p_i(\alpha_i, \beta_i, t). \tag{6.8}$$

方程（6.7）和方程（6.8）是所求的动力学问题的解.

练习 6.1　写出自由质点的哈密顿－雅可比方程.
练习 6.2　确定自由质点的哈密顿主函数.

6.2 谐振子－一个例子

作为使用哈密顿－雅可比理论的例子，把它应用到谐振子问题. 回想一下，谐振子的哈密顿量［见方程（5.19）］可写为

$$H = \frac{1}{2m}(p^2 + m^2\omega^2 q^2),$$

式中，$\omega = \sqrt{k/m}$. 由于 H 不明确包含时间 t，H 是常数，在这种情况下，知道它等于总能量（$H=E$）.

此问题的哈密顿－雅可比方程（6.4）相当简单，因为哈密顿量不依赖于时间，可以分离变量，写成

$$\frac{1}{2m}\left[\left(\frac{\partial S}{\partial q}\right)^2 + m^2\omega^2 q^2\right] = -\frac{\partial S}{\partial t}.$$

把两边积分，就得到了具有以下形式的函数 S：

$$S(\alpha,q,t) = W(\alpha,q) + V(\alpha,t),$$

其中 α 是常数. 如果这种分离变量是可能的，而且常常是可能的，那么偏微分方程可以很容易地得到解. 如果不能进行这样的分离，那么哈密顿－雅可比方法就不是有用的计算工具. 与偏微分方程的情况一样，假设可以分离变量，然后检查得到的解是否符合微分方程和边界条件.

将 S 的分离变量表达式代入哈密顿－雅可比方程，得

$$\frac{1}{2m} = \left[\left(\frac{\partial W}{\partial q}\right)^2 + m^2\omega^2 q^2\right] + \frac{\partial V}{\partial t} = 0,$$

或

$$\frac{1}{2m} = \left[\left(\frac{\partial W}{\partial q}\right)^2 + m^2\omega^2 q^2\right] = -\frac{\partial V}{\partial t}.$$

左边只依赖于 q，右边只依赖于 t，因为 q 和 t 是独立的，所以两边必

须等于相同的常数. 用 α 来表示这个常数. 则

$$V = -\alpha t,$$

和

$$\frac{1}{2m}\left[\left(\frac{\partial W}{\partial q}\right)^2 + m^2\omega^2 q^2\right] = \alpha. \tag{6.9}$$

注意，此方程的左边是 H，所以 $\alpha = E$.

现在已经用与时间无关的形式表示了哈密顿 - 雅可比方程. 解 W 被称为“哈密顿特征函数”.

对于手头上的问题，立即得到

$$W = \int \mathrm{d}q\ \sqrt{2m\alpha - m^2\omega^2 q^2},$$

和

$$S = -\alpha t + \int \mathrm{d}q\ \sqrt{2m\alpha - m^2\omega^2 q^2}.$$

根据方程（6.6）

$$\beta = \frac{\partial S}{\partial \alpha} = -t + \int \mathrm{d}q \frac{m}{\sqrt{2m\alpha - m^2\omega^2 q^2}} = -t + \frac{1}{\omega}\arcsin\left(q\sqrt{\frac{m\omega^2}{2\alpha}}\right),$$

所以

$$q = \sqrt{\frac{2\alpha}{m\omega^2}}\sin\omega(t + \beta). \tag{6.10}$$

同样，根据方程（6.8）

$$p = \frac{\partial S}{\partial q} = \sqrt{2m\alpha - m^2\omega^2 q^2} = \sqrt{2m\alpha}\left(\sqrt{1 - \sin^2\omega(t + \beta)}\right),$$

或

$$p = \sqrt{2m\alpha}\cos\omega(t + \beta) \tag{6.11}$$

现在得到了在时间 t 时 q 和 p 与常数 α 和 β 之间的变换方程. 最后一步是根据初始值 q_0 和 p_0 确定 α 和 β. 通过在方程（6.10）和方程（6.11）中设置 $t=0$，可以很容易地做到这一点.

在这个问题中，只有一组规范变量，所以不需要对 q 标下标. 一般来说，会有 $S(\alpha_i, q_i, t) = W(\alpha_i, q_i) + V(\alpha_i, t)$. 把前面所有的方程推广到多变量系统 q_1，…，q_n 是很简单的.

练习 6.3 通过求解哈密顿 – 雅可比方程，确定自由质点的作为时间函数的 p、q.

6.3 哈密顿主函数的解释

前面是把哈密顿主函数 S 简单地看作是正则变换的生成函数，它从 q_i、p_i 变换成一组常数 α_i、β_i，这些常数与初始条件有关. 然而，值得注意的是，由于

$$S = S(q_1, \cdots, q_n; \alpha_1, \cdots, \alpha_n; t),$$

有

$$\frac{\mathrm{d}S}{\mathrm{d}t} = \sum \frac{\partial S}{\partial q_i}\frac{\mathrm{d}q_i}{\mathrm{d}t} + \frac{\partial S}{\partial t},$$

（这里使用了 α_i 是常数的事实）. 但是$\frac{\partial S}{\partial q_i} = p_i$，所以

$$\frac{\mathrm{d}S}{\mathrm{d}t} = \sum p_i\dot{q}_i + \frac{\partial S}{\partial t}.$$

回顾一下哈密顿量的定义是 $H = \sum p_i\dot{q}_i - L$. 因此，

$$\frac{\mathrm{d}S}{\mathrm{d}t} = H + L + \frac{\partial S}{\partial t}.$$

然而，根据方程（6.2），$H + \frac{\partial S}{\partial t} = 0$，所以

$$\frac{\mathrm{d}S}{\mathrm{d}t} = L,$$

$$S = \int L\mathrm{d}t + \text{常数}. \tag{6.12}$$

也就是说，哈密顿主函数与作用积分的区别至多是加上一个常数.

6.4 与薛定谔方程的关系

路易·德布罗意认为电子的行为与波类似，并假设这些“物质

波”的波长与动量有关，$\lambda = h/p$，其中 h 是普朗克常数. 通过思考如果电子表现为波，那么它们必须服从某种波动方程，就像光波服从波动方程

$$\nabla^2\phi - \frac{n^2}{c^2}\frac{\partial^2\phi}{\partial t^2} = 0$$

一样，薛定谔得出了众所周知的方程㊀. 这个波动方程可能的解是平面波，在平面波中，波由沿（比如）z 方向移动的平面波阵面组成. 此解具有以下形式

$$\phi = \phi_0 e^{ik(nz - ct)},$$

其中 k 是波数. nz 的量称为光路长度或“程函（eikonal）”，具有形式

$$\phi = \phi_0 e^{iZ} \tag{6.13}$$

的表达式称为具有程函（eikonal）形式. Z 是光波的相位. 需注意，光学波前是关于常数 Z 的平面.

如果质点是波，它们可以用某种“波函数”来表示，但是这种波函数的相位是什么？可以证明㊁，常数 S 的表面在相空间中的传播方式与普通波阵面在位形空间中的传播方式完全相同. 因此，薛定谔选择 S 作为材料质点波函数的相位是合理的. 也就是说，他选择量

$$\Psi = \Psi_0 e^{iS/\hbar} \tag{6.14}$$

作为电子的波函数，式（6.14）中 $\hbar = h/2\pi$ 使指数无量纲.

现在 S 满足哈密顿 - 雅各比方程（6.4），可以写为

$$\frac{\partial S}{\partial t} + H = \frac{\partial S}{\partial t} + \frac{p^2}{2m} + V = \frac{\partial S}{\partial t} + \frac{1}{2m}\left(\frac{\partial S}{\partial q}\right)^2 + V = 0. \tag{6.15}$$

但注意到如果 $\Psi = \Psi_0 e^{iS/\hbar}$，则

$$\frac{\partial \Psi}{\partial q} = \Psi_0 e^{iS/\hbar}\left(\frac{i}{\hbar}\frac{\partial S}{\partial q}\right) = \Psi\frac{i}{\hbar}\frac{\partial S}{\partial q},$$

所以

㊀ 本节中的大部分材料都是基于 David Derkes 的论文：Feynman's derivation of the Schrödinger equation by David Derkes，Am. J. Phys，64，pp. 881 – 884，July，1996.

㊁ H. Goldstein，Classical Mechanics，2nd Edn，Section 10.8.

$$\frac{\partial S}{\partial q} = -\frac{\mathrm{i}\hbar}{\Psi}\frac{\partial \Psi}{\partial q}. \tag{6.16}$$

此外，根据式（6.2）

$$\frac{\partial S}{\partial t} = -H = -E,$$

所以式（6.15）变成

$$-E + \frac{1}{2m}\left(-\frac{\mathrm{i}\hbar}{\Psi}\frac{\partial \Psi}{\partial q}\right)\left(-\frac{\mathrm{i}\hbar}{\Psi}\frac{\partial \Psi}{\partial q}\right)^{*} + V = 0, \tag{6.17}$$

这里用复数共轭来计算平方，因为 Ψ 是复数.

重新排列方程（6.17）得

$$(V - E)\Psi^{*}\Psi + \frac{\hbar^2}{2m}\left(\frac{\partial \Psi^{*}}{\partial q}\right)\left(\frac{\partial \Psi}{\partial q}\right) = 0. \tag{6.18}$$

为方便起见，定义

$$M = (V - E)\Psi^{*}\Psi + \frac{\hbar^2}{2m}\left(\frac{\partial \Psi^{*}}{\partial q}\right)\left(\frac{\partial \Psi}{\partial q}\right).$$

注意 M 是 Ψ, $\frac{\partial \Psi}{\partial q}$及它们的共轭的函数. 薛定谔将 M 视为广义坐标 Ψ, Ψ^{*}，$\frac{\partial \Psi}{\partial q}$，$\frac{\partial \Psi^{*}}{\partial q}$ 的拉格朗日量. 这意味着积分 $\int M\mathrm{d}q$ 将被最小化，并且此过程将导致关于 Ψ^{*} 的欧拉 – 拉格朗日方程如下：

$$\frac{\partial M}{\partial \Psi^{*}} - \frac{\partial}{\partial q}\left(\frac{\partial M}{\partial\left(\frac{\partial \Psi^{*}}{\partial q}\right)}\right) = 0,$$

或

$$(V - E)\Psi - \frac{\hbar^2}{2m}\left(\frac{\partial^2 \Psi}{\partial q^2}\right) = 0,$$

或

$$-\frac{\hbar^2}{2m}\left(\frac{\partial^2 \Psi}{\partial q^2}\right) + V\Psi = E\Psi.$$

发现这是一个与时间无关的薛定谔方程.

6.5 习题

6.1 在极坐标系中，相对论开普勒问题可以写成

$$H = c\left[p_r^2 + \frac{p_\phi^2}{r^2} + m^2c^2\right]^{1/2} - \frac{k}{r}.$$

(a) 求解哈密顿 - 雅可比方程，求出哈密顿主函数（作用）$S(r,\phi,t)$. 把表达式用积分来表示.

(b) 从该作用中得出形如 $\phi = \int f(r)\,\mathrm{d}r + \phi_0$ 的 ϕ 与 r 之间的关系，其中 ϕ_0 为常数.

6.2 在球坐标系中，某特定系统的哈密顿量由下式给出：

$$H = \frac{1}{2m}\left(p_r^2 + \frac{p_\theta^2}{r^2} + \frac{p_\phi^2}{r^2\sin^2\theta}\right) + a(r) + \frac{b(\theta)}{r^2}.$$

(a) 写出哈密顿 - 雅可比方程；(b) 分离变量；(c) 积分以获得 S.

6.3 电荷 q 在由两个固定电荷 q_1 和 q_2 产生的电场中移动，间距为 $2d$. 设 r_1 和 r_2 为 q 到 q_1 和 q_2 的距离. 由圆柱坐标（ρ, ϕ, z）到椭圆坐标（ξ, η, ϕ）的定义如下：

$$\begin{cases}\rho = d[(\xi^2 - 1)(1 - \eta^2)]^{1/2}, \\ \phi = \phi, \\ z = d\xi\eta.\end{cases}$$

(a) 证明 $r_1 = d(\xi - \eta)$ 和 $r_2 = d(\xi + \eta)$；(b) 用椭圆坐标写出拉格朗日量；

(c) 用椭圆坐标写出哈密顿量；(d) 求出 S 的表达式.

6.4 半径为 a 的环位于 $x - y$ 平面内，以恒定角速度 ω 绕垂直轴通过其边缘上的点旋转，如图 6.1 所示. 质量为 m 的圆珠可以在环上自由滑动. 用 p 和 ϕ 表示哈密顿量，其中 p 是广义动量，ϕ 是圆珠相对于环直径的角位置，如图 6.1 所示. (a) 求哈密顿主函数；(b) 得到 $\phi(t)$ 的积分表达式.

6.5 将哈密顿的主函数表示为 S（q_i, α_i, t）. 证明 p_i、Q_i 是正

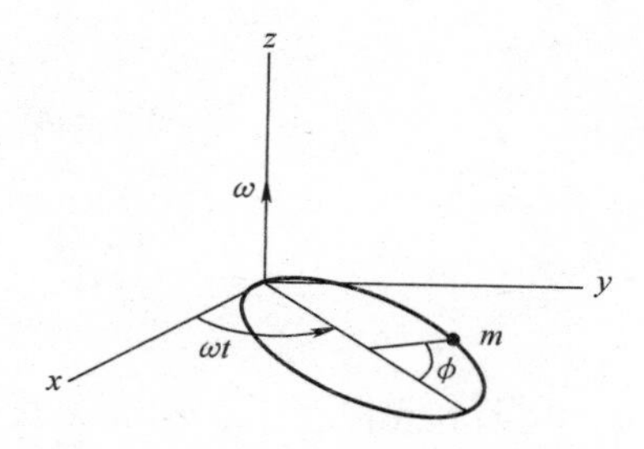

图 6.1　在水平面上以恒定角速度旋转的环上的圆珠

则变量，回顾一下

$$p_i = \frac{\partial S}{\partial q_i}$$

$$q_i = q_i(\alpha, \beta, t),$$

这里

$$\beta_i = Q_i = \frac{\partial S}{\partial \alpha_i}, \quad 且\ \alpha_i = P_i.$$

6.6　质量为 m 的质点在恒定重力场中垂直向上抛掷. 用哈密顿 - 雅可比方法求解质点的运动问题.

第 7 章 连续系统

到目前为止，一直在研究离散系统，也就是说，由一组质点（或可以被视为质点的刚体）组成的系统的力学. 诚然，从原子论的观点来看，所有的机械系统都可以视为质点的集合. 然而，从计算的角度来看，将某些系统视为由连续性质（如质量密度）描述的物质的连续分布更为方便.

将变分法应用于连续系统时，可以方便地引入拉格朗日密度$\mathcal{L}$和哈密顿密度$\mathcal{H}$，这些可以看作单位体积的拉格朗日量或哈密顿量. 下面要学习的方法可以应用于许多不同的连续物理系统，并可以在场论中得到很好的应用. 尽管在第 1 章中提到了，但没有强调这样的事实，即拉格朗日量定义为一个函数，它可以利用公式

$$\frac{\mathrm{d}}{\mathrm{d}t}\frac{\partial L}{\partial \dot{q}}-\frac{\partial L}{\partial q}=0$$

或由欧拉 - 拉格朗日分析确定的等价关系（即通过应用哈密顿原理）生成运动方程. 质点力学的 $L=T-V$ 是次要的事实，尽管到目前为止，已经假定拉格朗日量的形式就是这样.

7.1 一条弦

首先考虑非常简单的连续系统的例子，即在两个端点（用 x_1 和 x_2 表示）之间拉伸的一条弦. 弦的张力是 τ. 弦的单位长度质量为 λ. 你可以想象，弦被拨动并形成波动（见图 7.1 的左侧）.

在瞬时时间 t，弦在位置 x 处的位移为 $y=y(x,t)$. 在用变分法的观点来处理这个问题之前，先简单地用牛顿第二定律来推导波动方程. 考虑长度为 $\mathrm{d}x$ 的弦段. 其质量为 $\lambda\mathrm{d}x$. 作用在其上的力是两端的张力，即 $\tau(x)$和 $\tau(x+\mathrm{d}x)$，如图 7.1 右侧所示.

这些图被高度夸大，实际上弦非常靠近水平 x 轴. 因此，

$$\sin\theta \simeq \tan\theta = \lim_{\Delta x\to 0}\frac{\Delta y}{\Delta x} = \frac{\partial y(x,t)}{\partial x}.$$

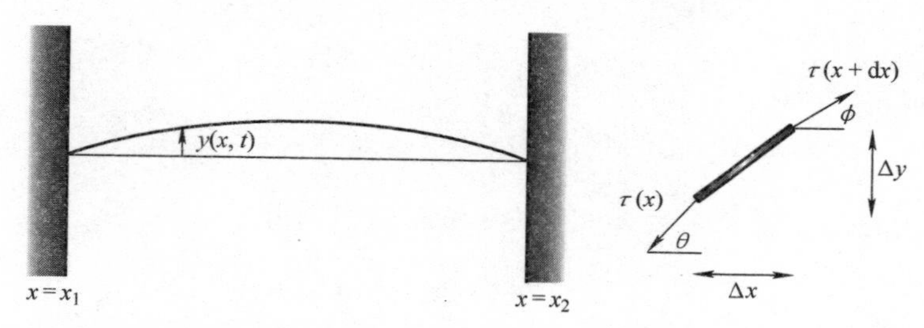

图 7.1 左侧：波动弦. 右侧：在 x 处受张力 $\tau(x+\mathrm{d}x)$ 和 $\tau(x)$ 作用下的弦段

根据 $ma = F$ 有

$$\begin{aligned}\lambda(x)\mathrm{d}x\frac{\partial^2 y}{\partial t^2} &= \tau(x+\mathrm{d}x)\sin\phi - \tau(x)\sin\theta \\ &= \tau(x+\mathrm{d}x)\frac{\partial y(x+\mathrm{d}x,t)}{\partial x} - \tau(x)\frac{\partial y(x,t)}{\partial x} \\ &= \tau(x)\frac{\partial y(x,t)}{\partial x} + \mathrm{d}x\frac{\partial}{\partial x}\left(\tau(x)\frac{\partial y(x,t)}{\partial x}\right) + \cdots - \tau(x)\frac{\partial y(x,t)}{\partial x},\end{aligned}$$

$$\lambda(x)\mathrm{d}x\frac{\partial^2 y}{\partial t^2} = \frac{\partial}{\partial x}\left(\tau(x)\frac{\partial y}{\partial x}\right)\mathrm{d}x. \tag{7.1}$$

这里对第一项展开进行了泰勒级数展开.

为了简单起见，假设 λ 和 T 不是 x 的函数. 则

$$\frac{\partial^2 y}{\partial t^2} = \frac{\tau}{\lambda}\frac{\partial^2 y}{\partial x^2},$$

这是波动方程． 波速为 $\sqrt{\lambda/\tau}$.

因此，$F = ma$ 可以导出波动方程. 但是该如何用拉格朗日方法得到这个结果呢？通过引入单位长度的拉格朗日量或称拉格朗日密度，记为$\mathcal{L}$，来为这条弦写出适当的拉格朗日量. 系统的拉格朗日量是

$$L = \int_{x_1}^{x2}\mathcal{L}\mathrm{d}x.$$

很容易理解，弦片段的动能密度可以表示为$\frac{1}{2}\lambda\mathrm{d}x\dot{y}^2$，其中 $\lambda\mathrm{d}x$ 是长

度 $\mathrm{d}x$ 的片段的质量，$\dot{y}$ 是垂直速度. 用什么表示势能区别并不那么明显. 但注意到力 $\frac{\partial}{\partial x}\left(\tau(x)\frac{\partial y}{\partial x}\right)$ 通过 $F=-\frac{\partial V}{\partial x}$ 与势能有关，因此势能可以写成 $\frac{1}{2}\tau y'^2\mathrm{d}x$，其中 $y'=\partial y/\partial x$. 那么系统的拉格朗日量可以写成

$$L=\int_{x_1}^{x2}\mathcal{L}\mathrm{d}x=\int_{x_1}^{x2}\left[\frac{1}{2}\lambda(x)\dot{y}^2-\frac{1}{2}\tau(x)y'^2\right]\mathrm{d}x.$$

如果合理假设质量密度 λ 和张力 τ 为常数，则得

$$L=\frac{\lambda}{2}\int_{x_1}^{x2}\dot{y}^2\mathrm{d}x-\frac{\tau}{2}\int_{x_1}^{x2}y'^2\mathrm{d}x.$$

因此，此系统的拉格朗日密度是

$$\mathcal{L}=\frac{\lambda}{2}\dot{y}^2-\frac{\tau}{2}y'^2.$$

这通常以更显式的形式写成

$$\mathcal{L}=\frac{\lambda}{2}\left(\frac{\partial y}{\partial t}\right)^2-\frac{\tau}{2}\left(\frac{\partial y}{\partial x}\right)^2. \tag{7.2}$$

练习 7.1 证明如果势能由 $\frac{1}{2}\tau y'^2\mathrm{d}x$ 给出，则力由方程（7.1）右侧的表达式给出.

练习 7.2 考虑以 $y(x,t)=A\cos(kx-\omega t)$ 的通常方式描述的弦中的行波. k 和 ω 如何与 λ 和 τ 相关?

接下来，确定此系统的拉格朗日方程的适当形式. 回到基本原理，回顾一下拉格朗日方程可以由前面得到的哈密顿原理

$$\delta\int_{t_1}^{t2}L\mathrm{d}t=0$$

导出. 即端点 t_1 和 t_2 之间的作用的变分为零. 但是对于分散的一维系统，拉格朗日函数可能会随着弦的位置变化而变化.（很明显，弦中质量点的速度取决于 t 和 x.）假设拉格朗日量分散开，则系统的总拉格朗日量为

$$L=\int_{x_1}^{x2}\mathcal{L}\mathrm{d}x.$$

哈密顿原理就变成了

$$\delta\int_{t_1}^{t2}\Big[\int_{x_1}^{x2}\mathcal{L}\mathrm{d}x\Big]\mathrm{d}t = 0.$$

考虑泛函对拉格朗日密度的依赖性. 它显式地依赖于位置和时间（x 和 t），因为这些是独立变量. 但预计它将隐式地依赖于位移 y，垂直方向的速度 $\dot{y}=\frac{\partial y}{\partial t}$，以及“拉伸”$y'=\frac{\partial y}{\partial x}$. 即

$$\mathcal{L}=\mathcal{L}(y,\dot{y},y';\ x,t).$$

注意到在哈密顿原理中，自变量 x 和 t 是积分变量. 在特定位置和时间的拉格朗日密度一般取决于 y、$\dot{y}$和 y'. 可以把 y 看作指定系统位形的广义坐标. 哈密顿原理会有所不同. 它在端点的变分必须为零. 但是现在有两组端点：位置和时间 . 注意，并不是说 y 本身在边界处是零，只是它在边界处的变分是零. 也就是说，

$$\delta(y(t_1)) = \delta(y(t_2)) = 0,$$

和

$$\delta(y(x_1)) = \delta(y(x_2)) = 0.$$

这就意味着需要所有的“路径”$y(x,t)$都从（x_1，t_1）开始，到（x_2，t_2）结束. 例如，在初始时间，所有位置的弦的位形对应于实际的初始位形，并且在任何时刻，变化的弦都有对应于实际位形的端点 [恰好是 $y(x_1,t)=0$ 和 $y(x_2,t)=0$].

哈密顿原理为

$$0 = \delta\int_{t_1}^{t2}L\mathrm{d}t = \delta\int_{t_1}^{t2}\mathrm{d}t\int_{x_1}^{x2}\mathrm{d}x\mathcal{L}(y,y',\dot{y};x,t),$$

$$0 = \int_{t_1}^{t2}\mathrm{d}t\int_{x_1}^{x2}\mathrm{d}x\Big[\frac{\partial\mathcal{L}}{\partial y}\delta y + \frac{\partial\mathcal{L}}{\partial y'}\delta y' + \frac{\partial\mathcal{L}}{\partial\dot{y}}\delta\dot{y}\Big]. \tag{7.3}$$

注意

$$\delta y' = \delta\frac{\partial y}{\partial x} = \frac{\partial}{\partial x}\delta y,\quad 其中\ t\ 固定,$$

$$\delta\dot{y} = \delta\frac{\partial y}{\partial t} = \frac{\partial}{\partial t}\delta y,\quad 其中\ t\ 固定.$$

考虑方程（7.3）中的第三项，记住 y（和$\dot{y}$）是沿不同路径的值

[例如，表示为方程（2.5）中的 Y]：

$$\int_{t_1}^{t2}\mathrm{d}t\int_{x_1}^{x2}\mathrm{d}x\left[\frac{\partial\mathcal{L}}{\partial\dot{y}}\delta\dot{y}\right]=\int_{t_1}^{t2}\mathrm{d}t\int_{x_1}^{x2}\mathrm{d}x\left[\frac{\partial\mathcal{L}}{\partial\dot{y}}\frac{\partial\dot{y}}{\partial\varepsilon}\delta\varepsilon\right]$$
$$=\int_{x_1}^{x2}\mathrm{d}x\int_{t_1}^{t2}\mathrm{d}t\left[\frac{\partial\mathcal{L}}{\partial\dot{y}}\frac{\partial\dot{y}}{\partial\varepsilon}\delta\varepsilon\right]$$
$$=\int_{x_1}^{x2}\mathrm{d}x\int_{t_1}^{t2}\mathrm{d}t\frac{\partial\mathcal{L}}{\partial\dot{y}}\left(\frac{\partial}{\partial\varepsilon}\frac{\partial y}{\partial t}\right)\delta\varepsilon$$
$$=\int_{x_1}^{x2}\mathrm{d}x\int_{t_1}^{t2}\frac{\partial\mathcal{L}}{\partial\dot{y}}\frac{\partial}{\partial t}\frac{\partial y}{\partial\varepsilon}\mathrm{d}t\delta\varepsilon.$$

分部积分

$$\int_{t_1}^{t2}\mathrm{d}t\int_{x_1}^{x2}\mathrm{d}x\left[\frac{\partial\mathcal{L}}{\partial\dot{y}}\delta\dot{y}\right]=\int_{x_1}^{x2}\mathrm{d}x\delta\varepsilon\left\{\left[\frac{\partial\mathcal{L}}{\partial\dot{y}}\frac{\partial y}{\partial\varepsilon}\right]_{t_1}^{t_2}-\int_{t_1}^{t2}\frac{\partial}{\partial t}\frac{\partial\mathcal{L}}{\partial\dot{y}}\frac{\partial y}{\partial\varepsilon}\mathrm{d}t\right\}$$
$$=\int_{x_1}^{x2}\mathrm{d}x\left\{0-\int_{t_1}^{t2}\frac{\partial}{\partial t}\frac{\partial\mathcal{L}}{\partial\dot{y}}\frac{\partial y}{\partial\varepsilon}\delta\varepsilon\mathrm{d}t\right\}$$
$$=\int_{x_1}^{x2}\mathrm{d}x\left\{-\int_{t_1}^{t2}\frac{\partial}{\partial t}\frac{\partial\mathcal{L}}{\partial\dot{y}}\delta y\mathrm{d}t\right\}$$
$$=-\int_{t_1}^{t2}\mathrm{d}t\int_{x_1}^{x2}\mathrm{d}x\left(\frac{\partial}{\partial t}\frac{\partial\mathcal{L}}{\partial\dot{y}}\right)\delta y.$$

同样，可以将方程（7.3）中的第二项分部积分，得到

$$\int_{t_1}^{t2}\mathrm{d}t\int_{x_1}^{x2}\mathrm{d}x\left[\frac{\partial\mathcal{L}}{\partial y'}\delta y'\right]=\int_{t_1}^{t2}\int_{x_1}^{x2}\mathrm{d}t\mathrm{d}x(-1)\frac{\partial}{\partial x}\frac{\partial\mathcal{L}}{\partial y'},$$

这里使用了变分在终点为零的事实.

总之，哈密顿原理可以表示为

$$0=\int_{t_1}^{t2}\mathrm{d}t\int_{x_1}^{x2}\mathrm{d}x\left[\frac{\partial\mathcal{L}}{\partial y}-\frac{\partial}{\partial x}\frac{\partial\mathcal{L}}{\partial y'}-\frac{\partial}{\partial t}\frac{\partial\mathcal{L}}{\partial\dot{y}}\right]\delta y.$$

和往常一样，由哈密顿原理可推出拉格朗日方程. 在前面的方程中，注意到变量 δy 是任意的 所以括号中的项必须为零. 因此，得到了一维连续系统拉格朗日方程的一般形式：

$$\frac{\partial}{\partial x}\frac{\partial\mathcal{L}}{\partial y'}+\frac{\partial}{\partial t}\frac{\partial\mathcal{L}}{\partial\dot{y}}-\frac{\partial\mathcal{L}}{\partial y}=0. \tag{7.4}$$

可以用更明确但更复杂的形式来写为

$$\frac{\partial}{\partial x}\frac{\partial \mathcal{L}}{\partial\left(\frac{\partial y}{\partial x}\right)}+\frac{\partial}{\partial t}\frac{\partial \mathcal{L}}{\partial\left(\frac{\partial y}{\partial t}\right)}-\frac{\partial \mathcal{L}}{\partial y}=0.$$

作为简单的应用，让我们将这种形式的拉格朗日方程应用于弦的拉格朗日密度，即

$$\mathcal{L}=\frac{\lambda}{2}\left(\frac{\partial y}{\partial t}\right)^2-\frac{\tau}{2}\left(\frac{\partial y}{\partial x}\right)^2.$$

意识到

$$\frac{\partial \mathcal{L}}{\partial \dot{y}}=\lambda \dot{y},\ \frac{\partial \mathcal{L}}{\partial y'}=-\tau y',\text{以及}\frac{\partial \mathcal{L}}{\partial y}=0,$$

因此由方程（7.4）得出

$$\frac{\partial}{\partial t}(\lambda \dot{y})+\frac{\partial}{\partial x}(-\tau y')=0$$

$$\lambda \ddot{y}-\tau y''=0.$$

即

$$\frac{\partial^2 y}{\partial t^2}=\frac{\tau}{\lambda}\frac{\partial^2 y}{\partial x^2},$$

波动方程.

7.2 推广至三维

将一维系统的拉格朗日密度表示为

$$\mathcal{L}=\mathcal{L}(y,\dot{y},y';x,t),$$

或

$$\mathcal{L}=\mathcal{L}\left(y,\frac{\partial y}{\partial t},\frac{\partial y}{\partial x};x,t\right).$$

为推广到三维，令系统的位形由标量坐标 $w=w(x,y,z,t)$ 指定. 用 w 替换 y，用 $\dot{w}=\frac{\partial w}{\partial t}$ 替换 $\dot{y}$. 这很简单. 但是现在需要将 y' 用 w 对 x，y，z 的偏导数，即 $\frac{\partial w}{\partial x}$，$\frac{\partial w}{\partial y}$，$\frac{\partial w}{\partial z}$ 来替换. 回顾向量恒等式 $\nabla w=\hat{\boldsymbol{x}}\frac{\partial w}{\partial x}+\hat{\boldsymbol{y}}\frac{\partial w}{\partial y}+\hat{\boldsymbol{z}}\frac{\partial w}{\partial z}$，令 $\frac{\partial w}{\partial x}$ 表示为 ∇w 的 x 分量可以让符号更紧凑，因此，

$$\frac{\partial w}{\partial x} = \nabla_x w,$$

其他两个分量也是如此. 则可表示为

$$\mathcal{L} = \mathcal{L}\left(w, \frac{\partial w}{\partial t}, \nabla w; x, y, z, t\right),$$

或

$$\mathcal{L} = \mathcal{L}\left(w, \frac{\partial w}{\partial t}, \nabla_x w, \nabla_y w, \nabla_z w; \boldsymbol{x}, t\right),$$

其中 $\boldsymbol{x}$ 是分量 x, y, $z = x_1$, x_2, x_3 的矢量.

终点在时间上固定的条件是

$$\delta w(t_1) = \delta w(t_2) = 0.$$

则拉格朗日方程是

$$\frac{\partial}{\partial t}\left(\frac{\partial \mathcal{L}}{\partial\left(\frac{\partial w}{\partial t}\right)}\right) + \sum_{i=1}^{3} \frac{\partial}{\partial x_i}\left(\frac{\partial \mathcal{L}}{\partial\left(\frac{\partial w}{\partial x_i}\right)}\right) - \frac{\partial \mathcal{L}}{\partial w} = 0, \tag{7.5}$$

或者, 更紧凑地表示为

$$\frac{\partial}{\partial t}\left(\frac{\partial \mathcal{L}}{\partial \dot{w}}\right) + \frac{\partial}{\partial x_i}\left(\frac{\partial \mathcal{L}}{\partial(\nabla_i w)}\right) - \frac{\partial \mathcal{L}}{\partial w} = 0. \tag{7.6}$$

这里中间项的连加已经用爱因斯坦求和约定代替.

7.3 哈密顿密度

回到一维系统中, 考虑哈密顿密度$\mathcal{H}$, 它与拉格朗日密度$\mathcal{L}$的关系和哈密顿量 H 与拉格朗日量 L 的关系相同, 即 $H = p\dot{q} - L$.

对于一维连续系统, 我们可以写$\dot{Q}$而不是$\dot{q}$. 回顾$\dot{q} = \dot{q}(t)$是质点的广义速度, 而$\dot{Q} = \dot{Q}(x, t)$是依赖于整个位置范围的分布量.

为了在哈密顿密度和哈密顿量之间进行类比, 需要定义类似动量的分布变量或连续变量. 根据广义动量的通常定义, 即 $p = \partial L/\partial \dot{q}$, 定义正则动量密度为

$$\mathcal{P} = \frac{\partial \mathcal{L}}{\partial \dot{Q}}.$$

则一维哈密顿密度是

$$\mathcal{H} = \mathcal{P}\dot{Q} - \mathcal{L}.$$

现在推广到由位形参数 Q 描述的三维系统. 为了方便起见，让拉格朗日密度不显式地依赖于 t（但它通过 Q 的时间依赖性隐式地依赖于时间）. 所以，

$$\mathcal{L} = \mathcal{L}(Q, \dot{Q}, Q'_x, Q'_y, Q'_z; \boldsymbol{x}).$$

这里使用的是不依赖于时间的拉格朗日密度，因为要研究能量守恒，这涉及研究$\mathcal{H}$对时间的偏导数

$$\frac{\mathrm{d}\mathcal{H}}{\mathrm{d}t} = \frac{\partial}{\partial t}[\mathcal{P}\dot{Q} - \mathcal{L}]$$

$$\frac{\mathrm{d}\mathcal{H}}{\mathrm{d}t} = \frac{\partial \mathcal{P}}{\partial t}\frac{\mathrm{d}Q}{\mathrm{d}t} + \mathcal{P}\frac{\mathrm{d}^2 Q}{\mathrm{d}t^2} - \left[\frac{\partial \mathcal{L}}{\partial Q}\frac{\mathrm{d}Q}{\mathrm{d}t} + \frac{\partial \mathcal{L}}{\partial \dot{Q}}\frac{\mathrm{d}\dot{Q}}{\mathrm{d}t} + \sum_{k=1}^{3}\frac{\partial \mathcal{L}}{\partial Q'_k}\frac{\mathrm{d}Q'_k}{\mathrm{d}t}\right]. \tag{7.7}$$

但是，

$$\frac{\mathrm{d}\mathcal{P}}{\mathrm{d}t} = \frac{\mathrm{d}}{\mathrm{d}t}\frac{\partial \mathcal{L}}{\partial \dot{Q}}.$$

由拉格朗日方程得

$$\frac{\mathrm{d}}{\mathrm{d}t}\frac{\partial \mathcal{L}}{\partial \dot{Q}} = \frac{\partial \mathcal{L}}{\partial Q} - \sum_{k=1}^{3}\frac{\partial}{\partial x_k}\frac{\partial \mathcal{L}}{\partial Q'_k},$$

所以，

$$\frac{\mathrm{d}\mathcal{P}}{\mathrm{d}t} = \frac{\partial \mathcal{L}}{\partial Q} - \sum_{k=1}^{3}\frac{\partial}{\partial x_k}\frac{\partial \mathcal{L}}{\partial Q'_k}$$

代入式（7.7）得到

$$\frac{\mathrm{d}\mathcal{H}}{\mathrm{d}t} = \left[\frac{\partial \mathcal{L}}{\partial Q} - \sum_{k=1}^{3}\frac{\partial}{\partial x_k}\frac{\partial \mathcal{L}}{\partial Q'_k}\right]\frac{\mathrm{d}Q}{\mathrm{d}t} + \mathcal{P}\frac{\mathrm{d}^2 Q}{\mathrm{d}t^2} -$$
$$\left[\frac{\partial \mathcal{L}}{\partial Q}\frac{\mathrm{d}Q}{\mathrm{d}t} + \frac{\partial \mathcal{L}}{\partial \dot{Q}}\frac{\mathrm{d}\dot{Q}}{\mathrm{d}t} + \sum_{k=1}^{3}\frac{\partial \mathcal{L}}{\partial Q'_k}\frac{\mathrm{d}}{\mathrm{d}t}\frac{\partial Q}{\partial x_k}\right].$$

右侧第一项和第四项抵消了. 此外，右侧第二项可以表示为

$$\left[\sum_{k=1}^{3}\frac{\partial}{\partial x_k}\frac{\partial \mathcal{L}}{\partial Q'_k}\right]\frac{\mathrm{d}Q}{\mathrm{d}t} = \sum_{k=1}^{3}\frac{\partial}{\partial x_k}\left(\frac{\partial \mathcal{L}}{\partial Q'_k}\frac{\mathrm{d}Q}{\mathrm{d}t}\right) - \sum_{k=1}^{3}\frac{\partial \mathcal{L}}{\partial Q'_k}\frac{\partial}{\partial x_k}\frac{\mathrm{d}Q}{\mathrm{d}t},$$

只剩下

$$\frac{\mathrm{d}\mathcal{H}}{\mathrm{d}t}=\mathcal{P}\frac{\mathrm{d}^2Q}{\mathrm{d}t^2}-\sum_{k=1}^{3}\frac{\partial}{\partial x_k}\left(\frac{\partial\mathcal{L}}{\partial Q'_k}\frac{\mathrm{d}Q}{\mathrm{d}t}\right)-\frac{\partial\mathcal{L}}{\partial\dot{Q}}\frac{\mathrm{d}\dot{Q}}{\mathrm{d}t},$$

$$\frac{\mathrm{d}\mathcal{H}}{\mathrm{d}t}=-\sum_{k=1}^{3}\frac{\partial}{\partial x_k}\left(\frac{\partial\mathcal{L}}{\partial Q'_k}\frac{\mathrm{d}Q}{\mathrm{d}t}\right).$$

将右侧写为 $-\nabla\cdot\vec{\mathcal{S}}$很有意思，其中$\mathcal{S}_k=\left(\frac{\partial\mathcal{L}}{\partial Q'_k},\frac{\mathrm{d}Q}{\mathrm{d}t}\right)$. 然后

$$\frac{\mathrm{d}\mathcal{H}}{\mathrm{d}t}+\nabla\cdot\vec{\mathcal{S}}=\mathbf{0},$$

将其看作连续性方程，表示能量守恒. 通过对系统的体积进行积分，可以更好地理解这一点. 因为 $H=\int_V\mathcal{H}\mathrm{d}^3x$, 我们可以写

$$\frac{\mathrm{d}H}{\mathrm{d}t}=\int_V\frac{\partial\mathcal{H}}{\partial t}\mathrm{d}^3x=-\int_V\nabla\cdot\vec{\mathcal{S}}\mathrm{d}^3x,$$

应用散度定理，得到

$$\frac{\mathrm{d}H}{\mathrm{d}t}=-\oint_A\vec{\mathcal{S}}\cdot\hat{\boldsymbol{n}}\mathrm{d}a,\tag{7.8}$$

其中 A 是表面的面积. 这告诉我们，体积中所包含的能量的变化伴随着能量流过包围体积的表面. 因此$\vec{\mathcal{S}}$是能量通量密度㊀. 如果表面是无穷大，那么方程（7.8）的右边是零，哈密顿量是常数. 一个例子可以是无限系统，它在某个位置受到扰动. 如果$\vec{\mathcal{S}}$垂直于边界面，那么$\vec{\mathcal{S}}\cdot\hat{\boldsymbol{n}}=0$，哈密顿量也是常数. 例子可以是一根具有固定端点的弦.

练习 7.3 对于一维弦，$\mathcal{L}$由方程（7.2）给出. 证明$\vec{\mathcal{S}}$由$\vec{\mathcal{S}}=-\tau\frac{\partial y}{\partial x}\frac{\partial y}{\partial t}\hat{\boldsymbol{x}}$给出. 解释$\vec{\mathcal{S}}$的方向. 证明端点（$x_1$ 和 x_2）处的能量通量为零.

㊀ 注意电磁学和坡印亭矢量的关系.

7.4 再次讨论弦

如果将离散力学的概念应用到弦上，那么将用以下形式写出拉格朗日密度、动能密度和势能密度之间的关系：

$$\mathcal{L} = \mathcal{T} - \mathcal{V}.$$

动能密度是

$$\mathcal{T} = \frac{1}{2}\lambda\left(\frac{\partial y}{\partial t}\right)^2 = \frac{1}{2}\lambda\,\dot{y}^2.$$

因为势能不依赖于我们的速度

$$\frac{\partial \mathcal{V}}{\partial \dot{y}} = 0.$$

因此，广义动量密度是

$$\mathcal{P} = \frac{\partial \mathcal{L}}{\partial \dot{y}} = \lambda\,\frac{\partial y}{\partial t}.$$

则有

$$\mathcal{H} = \mathcal{P}\dot{y} - \mathcal{L} = 2\mathcal{T} - (\mathcal{T} - \mathcal{V}) = \mathcal{T} + \mathcal{V}.$$

振荡弦的拉格朗日密度是

$$\mathcal{L} = \frac{\lambda(x)}{2}\left(\frac{\partial y}{\partial t}\right)^2 - \frac{\tau(x)}{2}\left(\frac{\partial y}{\partial x}\right)^2 = \frac{\lambda(x)}{2}\dot{y}^2 - \frac{\tau(x)}{2}y'^2.$$

用 Q 表示 y，则可写为

$$\mathcal{L} = \frac{1}{2}\lambda\,\dot{Q}^2 - \frac{1}{2}\tau Q'^2$$

$$\mathcal{P} = \frac{\partial \mathcal{L}}{\partial \dot{Q}} = \lambda(x)\dot{Q}.$$

因此，

$$\mathcal{H} = \mathcal{P}\dot{Q} - \mathcal{L}$$

和

$$\vec{\mathcal{S}} = \frac{\partial \mathcal{L}}{\partial Q'}\dot{Q}\hat{\boldsymbol{x}} = -\tau(x)Q'\dot{Q}\,\hat{\boldsymbol{x}}.$$

这是能量通量向量，即能量沿着弦的流动速率.

练习 7.4 如果 $y = A\cos(kx - \omega t)$（向右移动的行波），证明

$$\mathcal{S}_x = A^2(\tau k^2 c)\sin^2(kx - \omega t).$$

以及

$$\langle \mathcal{S}_x \rangle = \frac{1}{2}A^2 \lambda c \omega^2,$$

式中，$c^2 = \tau/\lambda$ 及 $k = \omega/c$.

7.5 另一个一维系统

现在研究一个不同的一维系统. 虽然两个一维系统有很大的相似性，但将用这第二个系统来阐明一些尚未提出的概念.

想象一下，拿着锤子，敲打一大块结实的铁块. 三维压力/密度波将在固体中传播. 微扰分子将受到分子间作用力的作用，使它们回到平衡位置. 原则上，可以遵循单个分子的运动，但很明显，将铁块视为位置和时间的函数的连续参数（如密度）描述连续的系统是有利的.

为了更好地理解这个系统的物理原理，可以从一个由直线排列的质点组成的一维系统开始. 可以把"玩具模型"想象成安装在一根细硬金属线上的圆珠，并通过弹簧与相邻的圆珠相连，如图 7.2 所示. 每个珠子都有质量 m，每根弹簧都有弹性系数 k. 平衡时珠子的间距是 a. 如果第 i 个圆珠的平衡位置是 x_i，则从平衡点扰动之后的位置可表示为 $x_i + \xi_i$. 换言之，ξ_i 是第 i 个质点偏离其平衡位置的位移. 如图 7.2 下半部分所示，质点 i 与质点 $i+1$ 之间的距离为 $a + \xi_{i+1} - \xi_i$. 弹簧的自然长度为 a，因此弹簧的拉伸为（$\xi_{i+1} - \xi_i$），与弹簧相关的势能为 $\frac{1}{2}k$（$\xi_{i+1} - \xi_i$）^{2}. 质点 i 相对于其平衡位置（假设为静止）的速度即为 $\dot{\xi}_i$. 利用这些概念，可以将拉格朗日量写成通常的形式

$$L = T - V = \sum_i \left(\frac{1}{2}m_i \dot{\xi}_i^2 - \frac{1}{2}k(\xi_{i+1} - \xi_i)^2\right). \qquad (7.9)$$

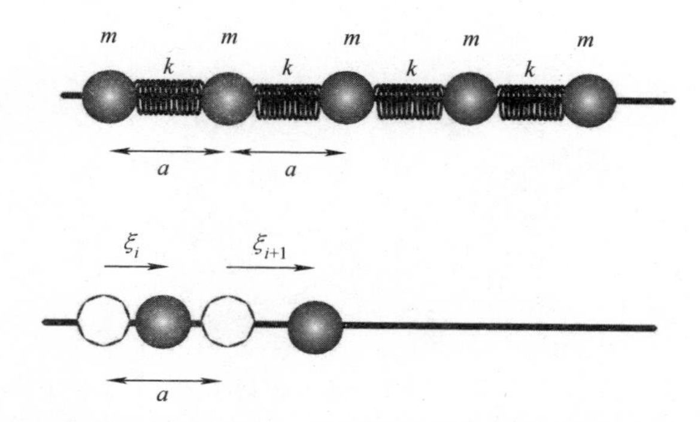

图7.2 在一根细而硬的金属丝上，由弹性系数 k 的弹簧连接的质量为 m 的珠子. 平衡时珠子的间距是 a. 图下部显示了两个偏离平衡位置 ξ_i 和 ξ_{i+1} 的珠子

练习7.5 使用方程（7.9）中给出的拉格朗日量，证明该离散质点系统的运动方程为

$$m_i\ddot{\xi}_i - k(\xi_{i+1} - \xi_i) + k(\xi_i - \xi_{i-1}) = 0.$$

7.5.1 连续杆的极限

现在将珠子系统表示为一个连续的系统. 首先将方程（7.9）乘以并除以 a 做恒等变形，因此：

$$L = a\sum_i \left[\frac{1}{2}\frac{m_i}{a}\dot{\xi}_i^2 - \frac{1}{2}ka\left(\frac{\xi_{i+1} - \xi_i}{a}\right)^2\right].$$

当 $a \to 0$ 时，$m_i/a \to \lambda(x)$ 为单位长度的质量，即位置 x 处的杆的线性质量密度. $\dfrac{\xi_{i+1} - \xi_i}{2}$ 项也可以写成连续函数. 令 $\xi_i = \xi(x)$ 及 $\xi_{i+1} = \xi(x+a)$. 为了方便起见，将 a 写为 Δx. 则

$$\frac{\xi_{i+1} - \xi_i}{a} \to \frac{\xi(x + \Delta x) - \xi(x)}{\Delta x},$$

并且，$a \to 0$ 时，

$$\frac{\xi_{i+1} - \xi_i}{a} \to \frac{\mathrm{d}\xi}{\mathrm{d}x},$$

以及

$$ka\left(\frac{\xi_{i+1}-\xi_i}{a}\right)^2 \to k\Delta x\left(\frac{\partial\xi}{\partial x}\right)^2.$$

求和变为对 x 的积分，并且

$$L = \frac{1}{2}\int\left[\lambda(x)\left(\frac{\partial\xi}{\partial t}\right)^2 - K\left(\frac{\partial\xi}{\partial x}\right)^2\right]\mathrm{d}x. \tag{7.10}$$

练习 7.6　证明 K 是杨氏模量.

练习 7.7　证明方程（7.10）中的拉格朗日方程可以导出波动方程.

现在应用哈密顿原理，推导拉格朗日方程.（这一推导与之前对弦的考虑类似.）根据哈密顿原理，

$$\delta\int_{t_1}^{t_2}\left[\int_{x_1}^{x_2}\mathcal{L}\mathrm{d}x\right]\mathrm{d}t = 0,$$

上式中 $\mathcal{L}=\mathcal{L}(\xi,\dot{\xi},\xi')$. 对于当前的问题，变化的量是 ξ 而不是 x 或 t. 因此，终点的 ξ 的变分为零，其中终点不仅是 t_1 和 t_2，还有 x_1 和 x_2.

将 ξ 表示为连续变量时，它被解释为表示杆的无穷小段平衡的位移.（这很难形象化，所以基于 ξ 的图像来表示密度等其他变量可能会有所帮助.）

要应用变分法，需要想象变化量 $\xi(x,t,\varepsilon)$，它与“真”量 $\xi(x,t,0)$ 只有无穷小的区别. 也就是说，定义

$$\xi(x,t,\varepsilon) = \xi(x,t,0) + \varepsilon\eta(x,t),$$

式中，$\xi(x,t,0)$ 为“真”路径，ε 为小参数，$\eta(x,t)$ 为在端点为零的任意函数. 即

$$\eta(x_1,t_1) = 0,\quad 且\ \eta(x_2,t_2) = 0.$$

按照通常的表示法，写出

$$\frac{\mathrm{d}I}{\mathrm{d}\varepsilon} = \int_{t_1}^{t_2}\mathrm{d}t\int_{x_1}^{x_2}\mathrm{d}x\left[\frac{\partial\mathcal{L}}{\partial\xi}\frac{\partial\xi}{\partial\varepsilon} + \frac{\partial\mathcal{L}}{\partial\dot{\xi}}\frac{\partial\dot{\xi}}{\partial\varepsilon} + \frac{\partial\mathcal{L}}{\partial\xi'}\frac{\partial\xi'}{\partial\varepsilon}\right] = 0.$$

将第二项和第三项部分积分得

$$\int_{t_1}^{t2}\frac{\partial\mathcal{L}}{\partial\dot{\xi}}\frac{\partial\dot{\xi}}{\partial\varepsilon}\mathrm{d}t = -\int_{t_1}^{t2}\frac{\partial}{\partial t}\frac{\partial\mathcal{L}}{\partial\dot{\xi}}\frac{\partial\xi}{\partial\varepsilon}\mathrm{d}t,$$

和

$$\int_{x_1}^{x_2} \frac{\partial \mathcal{L}}{\partial \xi'} \frac{\partial \xi'}{\partial \varepsilon} \mathrm{d}x = -\int_{x_1}^{x_2} \frac{\partial}{\partial x} \frac{\partial \mathcal{L}}{\partial \xi'} \frac{\partial \xi}{\partial \varepsilon} \mathrm{d}x,$$

这导致

$$0 = \left.\frac{\mathrm{d}I}{\mathrm{d}\varepsilon}\right|_{\varepsilon=0} = \int_{t_1}^{t_2} \mathrm{d}t \int_{x_1}^{x_2} \mathrm{d}x \left(\frac{\partial \mathcal{L}}{\partial \xi} - \frac{\partial}{\partial t} \frac{\partial \mathcal{L}}{\partial \dot{\xi}} - \frac{\partial}{\partial x} \frac{\partial \mathcal{L}}{\partial \xi'}\right)\left(\left.\frac{\partial \xi}{\partial \varepsilon}\right|_{\varepsilon=0}\right).$$

因此，拉格朗日方程为

$$\frac{\partial}{\partial t}\left(\frac{\partial \mathcal{L}}{\partial \dot{\xi}}\right) + \frac{\partial}{\partial x}\left(\frac{\partial \mathcal{L}}{\partial \xi'}\right) - \frac{\partial \mathcal{L}}{\partial \xi} = 0, \tag{7.11}$$

如前所述［见方程（7.4）］.

值得注意的是，对于离散系统，每个圆珠都得到拉格朗日方程，而对于连续系统，仅获得一个拉格朗日方程. 另一方面，可以认为方程（7.11）是无限多的方程，每个方程对应无限多的 x 的可能值.

练习7.8　证明将方程（7.11）应用于方程（7.10）可得到波动方程.

1. 推广到三维

如前所述，可以很容易地生成上面发展到三维的关系. 这将需要用分量为 ξ_i 的向量位移 $\boldsymbol{\xi}$ 替换标量位移 ξ，其中，$i=(1,2,3)$ 或 (x,y,z). 量 $\boldsymbol{\xi}$ 表示在空间某个区域内的每个点上定义的物理量，因此它满足场的定义. 实际上，可以让 $\boldsymbol{\xi}$ 表示一些其他物理量，如压力、速度或电磁场.

因此，场 $\boldsymbol{\xi}$ 在每一点和每一时刻都有定义，因此 $\boldsymbol{\xi}=\boldsymbol{\xi}(x,y,z,t)$，拉格朗日方程为

$$\frac{\partial}{\partial t} \frac{\partial \mathcal{L}}{\partial \dot{\boldsymbol{\xi}}} + \frac{\partial}{\partial x}\left(\frac{\partial \mathcal{L}}{\partial(\partial \boldsymbol{\xi}/\partial x)}\right)\frac{\partial}{\partial y}\left(\frac{\partial \mathcal{L}}{\partial(\partial \boldsymbol{\xi}/\partial y)}\right) + \frac{\partial}{\partial z}\left(\frac{\partial \mathcal{L}}{\partial(\partial \boldsymbol{\xi}/\partial z)}\right) - \frac{\partial \mathcal{L}}{\partial \boldsymbol{\xi}} = 0.$$

该方程的第 i 个分量是

$$\frac{\partial}{\partial t} \frac{\partial \mathcal{L}}{\partial(\partial \xi_i/\partial t)} + \sum_{k=1}^{3} \frac{\partial}{\partial x_k} \frac{\partial \mathcal{L}}{\partial(\partial \xi_i/\partial x_k)} - \frac{\partial \mathcal{L}}{\partial \xi_i} = 0, \tag{7.12}$$

其中 $x_k=x$，y，z. 可以注意到 $\frac{\partial}{\partial t}$ 和 $\frac{\partial}{\partial x_k}$ 有时在微分过程中，写为全导

数$\frac{\mathrm{d}}{\mathrm{d}t}$和$\frac{\mathrm{d}}{\mathrm{d}x_k}$来表示，还必须包括 ξ_i 对 x_k 或 t 的隐式依赖.

使用更简化的记号可能会有所帮助，例如$\dot{\xi}_i$ 代表$\partial\xi_i/\partial t$ 和 ξ'_{ik}表示$\partial\xi_i/\partial x_k$. 方程（7.12）写为

$$\frac{\partial}{\partial t}\frac{\partial\mathcal{L}}{\partial\dot{\xi}}+\sum_{k=1}^{3}\frac{\partial}{\partial x_k}\frac{\partial\mathcal{L}}{\partial(\xi'_{ik})}-\frac{\partial\mathcal{L}}{\partial\xi_i}=0. \tag{7.13}$$

2. 利用泛函导数简化的记号

可以通过使用由方程（2.10）定义的泛函导数

$$\frac{\delta\Phi}{\delta y}=\frac{\partial\Phi}{\partial y}-\frac{\mathrm{d}}{\mathrm{d}x}\frac{\partial\Phi}{\partial y'}$$

来简化记号. 为了我们的目的，将上式改写为

$$\frac{\delta\mathcal{L}}{\delta\xi_i}=\frac{\partial\mathcal{L}}{\partial\xi_i}-\sum_{k=1}^{3}\frac{\mathrm{d}}{\mathrm{d}x_k}\frac{\partial\mathcal{L}}{\partial\nabla\xi_i},$$

或

$$\frac{\delta\mathcal{L}}{\delta\boldsymbol{\xi}}=\frac{\partial\mathcal{L}}{\partial\boldsymbol{\xi}}-\nabla\cdot\frac{\partial\mathcal{L}}{\partial\nabla\boldsymbol{\xi}}.$$

因此，利用泛函导数，哈密顿原理

$$0=\delta L=\int\sum_i\left(\frac{\partial\mathcal{L}}{\partial\xi_i}\delta\xi_i-\sum_{k=1}^{3}\frac{\mathrm{d}}{\mathrm{d}x_k}\frac{\partial\mathcal{L}}{\partial(\partial\xi_i/\partial x_k)}+\frac{\partial\mathcal{L}}{\partial\dot{\xi}_i}\delta\dot{\xi}_i\right)\mathrm{d}^3x$$

可以表示为

$$\delta L=\int\sum_i\left(\frac{\delta\mathcal{L}}{\delta\xi_i}\delta\xi_i+\frac{\partial\mathcal{L}}{\partial\dot{\xi}_i}\delta\dot{\xi}_i\right)\mathrm{d}^3x.$$

为了简单起见并使前面的内容更容易理解，回到一维系统和标量变量，用 Q 代替 ξ. 此外，用通常的方法定义广义动量密度，

$$\mathcal{P}=\frac{\partial\mathcal{L}}{\partial\dot{Q}}.$$

现在

$$\mathcal{L}=\mathcal{L}(Q,\dot{Q},Q';x,t),$$

所以

$$\mathrm{d}\mathcal{L}=\frac{\partial\mathcal{L}}{\partial Q}\mathrm{d}Q+\frac{\partial\mathcal{L}}{\partial\dot{Q}}\mathrm{d}\dot{Q}+\frac{\partial\mathcal{L}}{\partial Q'}\mathrm{d}Q'+\frac{\partial\mathcal{L}}{\partial t}\mathrm{d}t.$$

拉格朗日方程［方程（7.11）］可写为（用 Q 代替 ξ）

$$\frac{\partial}{\partial t}\frac{\partial \mathcal{L}}{\partial \dot{Q}}+\frac{\partial}{\partial x}\frac{\partial \mathcal{L}}{\partial Q'}-\frac{\partial \mathcal{L}}{\partial Q}=0.$$

一维泛函导数可以写成

$$\frac{\delta \mathcal{L}}{\delta Q}=\frac{\partial \mathcal{L}}{\partial Q}-\frac{\partial}{\partial x}\frac{\partial \mathcal{L}}{\partial Q'}.$$

类似地，

$$\frac{\delta \mathcal{L}}{\delta \dot{Q}}=\frac{\partial \mathcal{L}}{\partial \dot{Q}}-\frac{\partial}{\partial x}\frac{\partial \mathcal{L}}{\partial \dot{Q}}=\frac{\partial \mathcal{L}}{\partial \dot{Q}}-\frac{\partial}{\partial x}\frac{\partial \mathcal{L}}{\partial(\partial \dot{Q}/\partial x)}=\frac{\partial \mathcal{L}}{\partial \dot{Q}},$$

式中把$\frac{\partial \mathcal{L}}{\partial(\partial \dot{Q}/\partial x)}$设为了零，因为$\mathcal{L}$不依赖于速度相对于位置的导数.因此，得到了拉格朗日方程的下列形式

$$\frac{\partial}{\partial t}\frac{\delta \mathcal{L}}{\delta \dot{Q}}-\frac{\delta \mathcal{L}}{\delta Q}=0. \tag{7.14}$$

这是拉格朗日方程的常见形式，它是用泛函导数而不是偏导数来表示.

注意到，$\mathcal{L}$对$\dot{\mathcal{P}}$的泛函导数是

$$\frac{\delta \mathcal{L}}{\delta \dot{\mathcal{P}}}=\frac{\partial \mathcal{L}}{\partial \dot{\mathcal{P}}}-\frac{\partial}{\partial x}\frac{\partial \mathcal{L}}{\partial(\partial \dot{\mathcal{P}}/\partial x)}.$$

最后一项也是零，所以

$$\frac{\delta L}{\delta \dot{\mathcal{P}}}=\frac{\partial \mathcal{L}}{\partial \dot{\mathcal{P}}},$$

及

$$\frac{\delta \mathcal{L}}{\delta Q}=\frac{\partial}{\partial t}\frac{\delta \mathcal{L}}{\delta \dot{Q}}=\frac{\partial}{\partial t}\mathcal{P}=\dot{\mathcal{P}}. \tag{7.15}$$

练习 7.9 证明 $\Theta(\rho)=c_F\int(\rho(\boldsymbol{r}))^{5/3}\mathrm{d}r$ 的泛函导数是 $\frac{5}{3}c_F(\rho(\boldsymbol{r}))^{2/3}$，其中 c_F 是常数.

练习 7.10 证明

$$\frac{\delta \mathcal{L}}{\delta \dot{\xi}}=\frac{\partial \mathcal{L}}{\partial \dot{\xi}}.$$

7.5.2 连续哈密顿量和正则场方程

对于一维系统，回顾一下已经定义了的广义动量

$$\mathcal{P}=\frac{\partial\mathcal{L}}{\partial\dot{Q}},$$

故可把哈密顿密度写成

$$\mathcal{H}=\mathcal{P}\dot{Q}-\mathcal{L}.$$

对于三维系统，写成

$$\mathcal{H}=\sum_{i=1}^{3}\mathcal{P}_i\dot{Q}_i-\mathcal{L}.$$

因此，

$$H=\int_V\mathcal{H}\mathrm{d}^3x=\int_V\sum_{i=1}^{3}(\mathcal{P}_i\dot{Q}_i-\mathcal{L})\mathrm{d}^3x.$$

注意

$$\mathcal{P}_i\equiv\frac{\partial\mathcal{L}}{\partial\dot{Q}_i}=\frac{\delta\mathcal{L}}{\delta\dot{Q}_i},$$

因为$\mathcal{L}$不依赖于$\partial\dot{Q}i/\partial x_j$.

现在坐标 Q_i 和动量$\mathcal{P}_i$ 是独立参数（x，y，z，t）的函数. 即

$$\mathcal{H}=\mathcal{H}(\mathcal{P}_i,Q_i,\partial Q_i/\partial x_j;\boldsymbol{x},t).$$

因此，

$$\begin{aligned}\mathrm{d}H&=\mathrm{d}\left[\int_V\mathcal{H}\mathrm{d}^3x\right]\\&=\int_V\left(\sum_i\frac{\partial\mathcal{H}}{\partial\mathcal{P}_i}\mathrm{d}\mathcal{P}_i+\frac{\partial\mathcal{H}}{\partial Q_i}\mathrm{d}Q_i+\sum_{k=1}^{3}\frac{\partial\mathcal{H}}{\partial(\partial Q_i/\partial x_k)}\mathrm{d}\left(\frac{\partial Q_i}{\partial x_k}\right)+\frac{\partial\mathcal{H}}{\partial t}\mathrm{d}t\right)\mathrm{d}^3x.\end{aligned}$$

上式用泛函导数可以表示为

$$\mathrm{d}H=\int_V\left[\sum_i\left(\frac{\delta\mathcal{H}}{\delta\mathcal{P}_i}\mathrm{d}\mathcal{P}_i+\frac{\delta\mathcal{H}}{\delta Q_i}\mathrm{d}Q_i\right)+\frac{\partial\mathcal{H}}{\partial t}\mathrm{d}t\right]\mathrm{d}^3x.\qquad(7.16)$$

但回顾

$$H=\int_V\sum_i(\mathcal{P}_i\dot{Q}_i-\mathcal{L})\mathrm{d}^3x,$$

所以可以把 $\mathrm{d}H$ 写为

$$\mathrm{d}H = \int_V \left\{ \sum_i \left(\mathcal{P}_i \mathrm{d}\dot{Q}_i + \dot{Q}_i \mathrm{d}\mathcal{P}_i - \frac{\delta\mathcal{L}}{\delta Q_i}\mathrm{d}Q_i - \frac{\delta\mathcal{L}}{\delta \dot{Q}_i}\mathrm{d}\dot{Q}_i \right) - \frac{\partial\mathcal{L}}{\partial t}\mathrm{d}t \right\} \mathrm{d}^3 x.$$

根据$\mathcal{P}_i$的定义，右边的第一项和第四项被抵消，剩下

$$\mathrm{d}H = \int_V \left\{ \sum_i \left(\dot{Q}_i \mathrm{d}\mathcal{P}_i - \frac{\delta\mathcal{L}}{\delta Q_i}\mathrm{d}Q_i \right) - \frac{\partial\mathcal{L}}{\partial t}\mathrm{d}t \right\} \mathrm{d}^3 x.$$

但根据方程（7.15），$\delta\mathcal{L}/\delta Q_i = \dot{\mathcal{P}}_i$，所以

$$\mathrm{d}H = \int_V \left\{ \sum_i \left(-\dot{\mathcal{P}}_i \mathrm{d}Q_i + \dot{Q}_i \mathrm{d}\mathcal{P}_i \right) - \frac{\partial\mathcal{L}}{\partial t}\mathrm{d}t \right\} \mathrm{d}^3 x. \qquad (7.17)$$

令式（7.16）和式（7.17）中的项相等，得

$$\frac{\delta\mathcal{H}}{\delta Q_i} = -\dot{\mathcal{P}}_i \quad 和 \quad \frac{\delta\mathcal{H}}{\delta \mathcal{P}_i} = \dot{Q}_i \quad 和 \quad \frac{\partial\mathcal{H}}{\partial t} = -\frac{\partial\mathcal{L}}{\partial t}.$$

这些是哈密顿正则方程的连续形式.

练习7.11 证明方程（7.16）用泛函导数的表示是正确的.

练习7.12 证明：若用普通偏导数表示，连续系统的哈密顿正则方程失去对称性，呈现出以下形式

$$\frac{\partial\mathcal{H}}{\partial Q_i} - \sum_{j=1}^{3} \frac{\mathrm{d}}{\mathrm{d}x_j} \frac{\partial\mathcal{H}}{\partial(\partial Q_i/\partial x_j)} = -\dot{\mathcal{P}}_i$$

$$\frac{\partial\mathcal{H}}{\partial \mathcal{P}_i} = \dot{Q}_i.$$

7.6 电磁场

连续系统的形式的有趣应用是处理电磁场.

回想一下，根据定义，场是在空间某个区域的每个点上定义的物理量. 电磁场通常用电场和磁场的散度和旋度表示的麦克斯韦方程来描述[⊖]. 在真空中它们表示为

⊖ 亥姆霍兹定理告诉我们，如果知道向量场的散度和旋度，那么就可以确定向量场本身. 因此，场的散度和旋度通常被称为场的“源”. 麦克斯韦方程只是电场和磁场的源方程. 这些方程告诉我们，电磁场的来源是电荷密度和电流密度.

$$\nabla\cdot \boldsymbol{E} = \rho/\varepsilon_0 \qquad \nabla\cdot \boldsymbol{B} = 0$$
$$\nabla\times \boldsymbol{E} = -\frac{\partial \boldsymbol{B}}{\partial t} \quad \nabla\times \boldsymbol{B} = \mu_0\boldsymbol{J} + \varepsilon_0\mu_0\frac{\partial \boldsymbol{E}}{\partial t}. \tag{7.18}$$

这里，ρ 是电荷密度，$\boldsymbol{J}$ 是电流密度. 常数 ε_0 和 μ_0 是自由空间的介电常数和磁导率，并包含在方程中，因为所使用的是国际标准单位（有时称为“合理化的 MKS 单位”）.

现在表明 $\boldsymbol{E}$ 和 $\boldsymbol{B}$ 不是独立的，正如从麦克斯韦方程中可以清楚地看到，而且可以进一步证明其中两个方程可以从另外两个方程中推导出来，正如下面将要展示的.

场 $\boldsymbol{E}$ 和 $\boldsymbol{B}$ 可以从“势” ϕ 和 $\boldsymbol{A}$ 中得到，称为“标量势” 和“矢量势”. 用势表示 $\boldsymbol{E}$ 和 $\boldsymbol{B}$ 的表达式是

$$\begin{aligned}\boldsymbol{E} &= -\nabla\phi - \frac{\partial \boldsymbol{A}}{\partial t},\\ \boldsymbol{B} &= \nabla\times \boldsymbol{A}.\end{aligned} \tag{7.19}$$

如前所述，拉格朗日量是可以用来生成运动方程的函数. 在当前情况下，“运动方程” 是场方程，也就是麦克斯韦方程. 独立的广义坐标是标量势 ϕ 和矢量势 $\boldsymbol{A}$ 的分量，即 A_x，A_y，A_z.

生成麦克斯韦方程的拉格朗日密度是

$$\mathcal{L} = \frac{1}{2}\left(\varepsilon_0 E^2 - \frac{1}{\mu_0}B^2\right) - \rho\phi + \boldsymbol{J}\cdot\boldsymbol{A}, \tag{7.20}$$

式中，E^2 和 B^2 利用方程（7.19）用电势表示. 注意，这个拉格朗日密度由①电磁场中的能量密度，②电荷密度 ρ 与标量势 ϕ 相互作用产生的能量，③电流密度 $\boldsymbol{J}$ 与矢量势 $\boldsymbol{A}$ 相互作用产生的能量组成. 为确定场方程，利用拉格朗日方程的如下形式

$$\frac{\mathrm{d}}{\mathrm{d}t}\frac{\partial \mathcal{L}}{\partial \dot{Q}_i} + \sum_{j=1}^{3}\frac{\mathrm{d}}{\mathrm{d}x_j}\left(\frac{\partial \mathcal{L}}{\partial(\partial Q_i/\partial x_j)}\right) - \frac{\partial \mathcal{L}}{\partial Q_i} = 0,$$

式中 Q_i 是 ϕ 或 $\boldsymbol{A}$ 的三个分量之一. 现在证明，对此拉格朗日方程的计算可以得到麦克斯韦方程. 从令 Q_i 等于 ϕ 开始，因为这是最简单的情况. 拉格朗日方程变成

$$\frac{\mathrm{d}}{\mathrm{d}t}\frac{\partial \mathcal{L}}{\partial \dot{\phi}} + \sum_{j=1}^{3}\frac{\mathrm{d}}{\mathrm{d}x_j}\left(\frac{\partial \mathcal{L}}{\partial(\partial\phi/\partial x_j)}\right) - \frac{\partial \mathcal{L}}{\partial\phi} = 0. \tag{7.21}$$

根据方程（7.20）和方程（7.19），可知拉格朗日密度不依赖于$\dot{\phi}$. 但是，通过$\boldsymbol{E}$对$\dfrac{\partial \boldsymbol{A}}{\partial t}$的依赖，它确实依赖$\dot{A}_i$. 它还通过$\nabla\phi$和$\nabla\times\boldsymbol{A}$依赖于$\phi$和$\boldsymbol{A}$的空间导数.

然而，$\partial\mathcal{L}/\partial\dot{\phi}=0$，因此可去掉方程（7.21）中的第一项. 第二项是

$$T_2 = \frac{\mathrm{d}}{\mathrm{d}x}\left(\frac{\partial\mathcal{L}}{\partial(\partial\phi/\partial x)}\right)+\frac{\mathrm{d}}{\mathrm{d}y}\left(\frac{\partial\mathcal{L}}{\partial(\partial\phi/\partial y)}\right)+\frac{\mathrm{d}}{\mathrm{d}z}\left(\frac{\partial\mathcal{L}}{\partial(\partial\phi/\partial z)}\right).$$

$\boldsymbol{B}$不依赖于ϕ，而根据

$$\boldsymbol{E} = -\nabla\phi = -\left(\hat{\boldsymbol{x}}\frac{\partial\phi}{\partial x}+\hat{\boldsymbol{y}}\frac{\partial\phi}{\partial z}+\hat{\boldsymbol{z}}\frac{\partial\phi}{\partial z}\right),$$

$\boldsymbol{E}$依赖于ϕ的空间导数，故

$$-\frac{\partial\phi}{\partial x}=E_x,\ -\frac{\partial\phi}{\partial y}=E_y,\ -\frac{\partial\phi}{\partial z}=E_z.$$

因此

$$\begin{aligned}T_2 &= -\frac{\mathrm{d}}{\mathrm{d}x}\frac{\partial\mathcal{L}}{\partial E_x}-\frac{\mathrm{d}}{\mathrm{d}y}\frac{\partial\mathcal{L}}{\partial E_y}-\frac{\mathrm{d}}{\mathrm{d}z}\frac{\partial\mathcal{L}}{\partial E_z}\\ &= -\nabla\cdot\left(\frac{\partial\mathcal{L}}{\partial E_x}\hat{\boldsymbol{x}}+\frac{\partial\mathcal{L}}{\partial E_y}\hat{\boldsymbol{y}}+\frac{\partial\mathcal{L}}{\partial E_z}\hat{\boldsymbol{z}}\right)\\ &= -\varepsilon_0\nabla\cdot\boldsymbol{E},\end{aligned}$$

因为

$$\frac{\partial\mathcal{L}}{\partial E_x}=\frac{\partial\left(\frac{1}{2}\varepsilon_0E^2\right)}{\partial E_x}=\frac{\partial\left(\frac{1}{2}\varepsilon_0(E_x^2+E_y^2+E_z^2)\right)}{\partial E_x}=\varepsilon_0E_x.$$

最后，第三项是

$$T_3 = -\frac{\partial\mathcal{L}}{\partial\phi}=+\rho.$$

因此，

$$T_1+T_2+T_3=0-\varepsilon_0\nabla\cdot\boldsymbol{E}+\rho=0,$$

故

$$\nabla\cdot\boldsymbol{E}=\rho/\varepsilon_0.$$

则我们导出了第一个麦克斯韦方程.

另一个麦克斯韦方程可如下得出．令连续广义坐标为向量势的 x 分量 A_x．注意

$$\boldsymbol{E}=-\nabla\boldsymbol{\phi}-\frac{\partial \boldsymbol{A}}{\partial t}.$$

因此，

$$\boldsymbol{E}=E_x\hat{\boldsymbol{x}}+E_y\hat{\boldsymbol{y}}+E_z\hat{\boldsymbol{z}}=\left(-\frac{\partial\phi}{\partial x}-\dot{A}_x\right)\hat{\boldsymbol{x}}+\left(-\frac{\partial\phi}{\partial y^{㊀}}-\dot{A}_y\right)\hat{\boldsymbol{y}}+\left(-\frac{\partial\phi}{\partial z}-\dot{A}_z\right)\hat{\boldsymbol{z}}.$$

类似地，$\boldsymbol{B}=\nabla\times\boldsymbol{A}$，因此

$$\boldsymbol{B}=(A'_{zy}-A'_{yz})\hat{\boldsymbol{x}}+(A'_{xz}-A'_{zx})\hat{\boldsymbol{y}}+(A'_{yx}-A'_{xy})\hat{\boldsymbol{z}}.$$

拉格朗日方程为

$$\frac{\mathrm{d}}{\mathrm{d}t}\frac{\partial\mathcal{L}}{\partial\dot{A}_x}+\sum_{j=1}^{3}\frac{\mathrm{d}}{\mathrm{d}x_j}\left(\frac{\partial\mathcal{L}}{\partial A'_{xj}}\right)-\frac{\partial\mathcal{L}}{\partial A_x}=0.$$

由于$\mathcal{L}$中唯一依赖于$\dot{A}_x$ 的项为 $\varepsilon_0E^2/2$，唯一依赖于 A'的项为 $-B^2/2\mu_0$，唯一依赖于 A_x 的项为 $\boldsymbol{J}\cdot\boldsymbol{A}$，故可写为

$$0=\frac{\mathrm{d}}{\mathrm{d}t}\frac{\partial\varepsilon_0E^2/2}{\partial\dot{A}_x}+\sum_{j=1}^{3}\frac{\mathrm{d}}{\mathrm{d}x_j}\left(-\frac{\partial B^2/2\mu_0}{\partial A'_{xj}}\right)-\frac{\partial(\boldsymbol{J}\cdot\boldsymbol{A})}{\partial A_x},$$

$$0=\frac{\mathrm{d}}{\mathrm{d}t}\frac{\varepsilon_0}{2}\frac{\partial E^2}{\partial E}\frac{\partial E}{\partial\dot{A}_x}-\sum_{j=1}^{3}\frac{\mathrm{d}}{\mathrm{d}x_j}\frac{1}{2\mu_0}\frac{\partial B^2}{\partial B}\frac{\partial B}{\partial A'_{xj}}-\frac{\partial}{\partial A_z}(J_xA_x+J_yA_y+J_zA_z),$$

$$0=-\varepsilon_0\frac{\mathrm{d}E_x}{\mathrm{d}t}+\frac{1}{\mu_0}\left(\frac{\partial B_z}{\partial y}-\frac{\partial B_y}{\partial z}\right)-J_x,$$

$$0=-\varepsilon_0\frac{\mathrm{d}E_x}{\mathrm{d}t}+\frac{1}{\mu_0}(\nabla\times\boldsymbol{B})_x-J_x$$

或

$$(\nabla\times\boldsymbol{B})_x=\varepsilon_0\mu_0\frac{\partial E_x}{\partial t}+\mu_0J_x.$$

类似地，$\boldsymbol{A}$ 其他两个分量可以导出式（7.18）中最后一个麦克斯韦方程的其他两个分量.

因此，可看到拉格朗日的连续公式导出了两个麦克斯韦方程．但是其他两个麦克斯韦方程呢？它们可以从两个势中得到．具体来说，

㊀ 原为 x，此处改为 y．——译者注

因为 $\boldsymbol{B}=\nabla\times\boldsymbol{A}$，则

$$\nabla\cdot\boldsymbol{B}=\mathrm{div}(\boldsymbol{B})=\mathrm{div}(\nabla\times\boldsymbol{A})=\mathrm{div}\,\mathrm{curl}(\boldsymbol{A})=0,$$

因为任何向量函数的旋度的散度都是零. 类似地，因为 $\boldsymbol{E}=-\nabla\phi-\partial\boldsymbol{A}/\partial t$，

$$\nabla\times\boldsymbol{E}=\mathrm{curl}(\boldsymbol{E})=-\mathrm{curl}\,\mathrm{grad}\phi-\frac{\partial}{\partial t}(\mathrm{curl}\,\boldsymbol{A})=-\frac{\partial\boldsymbol{B}}{\partial t},$$

因为任何标量函数的梯度的旋度都是零.

描述电磁场的一个困难之处是电磁场能量中没有与动能等价的术语，因此不能定义广义动量和哈密顿密度.

7.7 结语

在这一简短的章节中，演示了用拉格朗日方法处理连续系统的过程. 希望读者已经认识到此方法中的主要难点是烦琐的符号. 如果能读懂这些复杂的方程，读者将会发现其基本概念与一直用于离散系统的概念没有本质区别. 这样不仅得到了连续场的拉格朗日方程，而且发展了哈密顿量和哈密顿正则运动方程. 最后，看到拉格朗日密度 $\mathcal{L}$ 描述了电磁场.

本章概述的理论适用于流体动力学等其他几个领域，在量子场论的发展中尤为重要.

7.8 习题

7.1 证明在一维拉格朗日密度中加入 $\partial\mathcal{L}/\partial t+\partial\mathcal{L}/\partial x$ 不会改变拉格朗日方程.

7.2 考虑拉格朗日密度

$$\mathcal{L}=\frac{\mathrm{i}\hbar}{2}(\Psi^{*}\dot{\Psi}-\dot{\Psi}^{*}\Psi)-\frac{\hbar^{2}}{2m}\nabla\Psi^{*}\cdot\nabla\Psi-V(r)\Psi^{*}\Psi.$$

证明 $-\delta\mathcal{L}/\delta\Psi^{*}$ 生成薛定谔方程.

7.3 考虑拉格朗日密度

$$\mathcal{L}=\lambda\left[\frac{1}{2}\left(\frac{\partial\eta}{\partial t}\right)^2-\frac{1}{2}v^2\left(\frac{\partial\eta}{\partial x}\right)^2-\frac{1}{2}\Omega\eta^2\right],$$

上式中，λ = 线性质量密度，v = 波速，Ω^2 为常数. 证明拉格朗日方程生成一维克莱因－戈尔登方程：

$$\frac{\partial^2\eta}{\partial t^2}-v^2\frac{\partial^2\eta}{\partial x^2}+\Omega^2\eta=0.$$

7.4　无旋等熵流体的拉格朗日密度为

$$\mathcal{L}=\rho\frac{\partial\Phi}{\partial t}-\frac{1}{2}\rho(\nabla\Phi)^2-\rho U-\rho\varepsilon(\rho),$$

其中，Φ 是速度势（$\boldsymbol{v}=-\nabla\Phi$），$\rho$ 是密度，ε 是内能密度，U 是单位质量的势能. 拉格朗日密度是 Φ 和 ρ 的函数，可以看作是广义场.（a）证明广义动量密度为 ρ；（b）证明了广义动量密度的运动方程是流体的连续性方程.

7.5　“声场”由气体中的纵向振动组成. 若气体元素的位移用 $\boldsymbol{\eta}$（分量为 $\eta_i=\eta_x$，η_y，η_z）表示，动能密度为

$$\mathcal{T}=\frac{1}{2}\rho_0(\dot{\eta}_x^2+\dot{\eta}_y^2+\dot{\eta}_z^2),$$

其中，ρ_0 是质量密度的平衡值. 势能密度是

$$\mathcal{V}=-P_0\nabla\cdot\boldsymbol{\eta}+\frac{1}{2}\gamma P_0(\nabla\cdot\boldsymbol{\eta})^2,$$

式中，P_0 为压力平衡值，γ 为定压比热与定容比热之比.（a）写出拉格朗日密度；（b）获得运动方程；（c）解释为什么 $P_0\nabla\cdot\boldsymbol{\eta}$ 不参与运动方程；（d）结合运动方程得到三维波动方程.

7.6　考虑可以用密度函数 $\mathcal{F}$ 表示的函数 $F=F(q_i,p_i)$，使 $F=\int_V\mathcal{F}\,\mathrm{d}^3x$. 假设 $\mathcal{F}$ 不显式依赖于时间.（a）证明 F 的时间导数可以表示为

$$\frac{\mathrm{d}F}{\mathrm{d}t}=\int_V\sum_i\left(\frac{\delta\mathcal{F}}{\delta Q_i}\dot{Q}_i+\frac{\delta\mathcal{F}}{\partial\mathcal{P}}\dot{\mathcal{P}}\right)\mathrm{d}^3x;$$

（b）应用正则方程得到泊松括号的类似量.

部分习题的答案

1.1 $t_y < \tau + v_0/2a_c$.

1.2 $t = \left(2l\dfrac{M+3m}{mg}\right)^{1/2}$.

1.5 $\ddot{s} = \dfrac{2}{3}g\sin\alpha$.

1.6 $L = \dfrac{1}{2}(M+m)\dot{x}^2 + ml\dot{x}\dot{\theta}\cos\theta + \dfrac{1}{2}ml^2\dot{\theta}^2 + mgl\cos\theta$.

2.2 $\theta = \alpha$，$r\sin\alpha = \dfrac{c_2}{\cos(\phi\sin\alpha + c_1)}$.

2.3 $r = 1 + \cos\theta$ 与 $z = a + b\sin\theta$（$\theta/2$）的交集.

2.4 右半圆柱.

2.7 $\rho = k\cosh(z/k)$.

2.12 圆弧.

2.13 $R = \dfrac{1}{2}H$.

3.4 建议：对于任意初始速度（v_{0x}，v_{0y}），为路径定义两次而找到两个“端点”. 然后定义穿过这些端点的抛物线族（或其他一些曲线）.

3.5 $y = k\cosh\dfrac{x}{k}$.

3.6 $Q_r = mg(3\cos(\theta) - 2)$；$\theta = 48.19°$.

3.7 $F = (mg\cos\theta)\left(\dfrac{M}{M + m\sin^2\theta}\right)$.

4.3 $H = \dfrac{p_\theta^2}{2ml^2} - \dfrac{p_\theta a\omega}{l}\cos(\omega t + \theta) + \dfrac{1}{2}ma^2\omega^2\cos^2(\omega t + \theta) - \dfrac{1}{2}ma^2\omega^2 - mga\cos\omega t + mgl\cos\theta$.

4.4 $H=\frac{p_r^2}{2m}+\frac{p_\theta^2}{2m}-\frac{GMm}{r}$.

4.5 $H=\frac{p_\theta^2}{2ml^2}+\frac{p_\phi^2}{2ml^2\sin^2\theta}-mgl\cos\theta$.

4.9 $H=\frac{p^2}{2m}+\frac{kz^2}{2}+pA(\omega)\sin(\omega t)-mgA\cos(\omega t)-mgz$.

5.1 (b) $F=-Q\ln(\cos q)+Q\ln Q-Q$.

5.3 若 $K=H$ 则非正则.

5.4 $Q=p$, $P=p-2q$.

5.7 计算 $[H,[f,g]]$ 的值.

6.1 (a) $S=\int\sqrt{\frac{1}{c^2}\left(\frac{k}{r}-E\right)^2-m^2c^2-\frac{\alpha}{r}}+\sqrt{\alpha}\phi-Et$.

6.2 (a) $\frac{1}{2m}\left(\frac{\partial S}{\partial r}\right)^2+a+\frac{1}{2mr^2}\left[\left(\frac{\partial S}{\partial\theta}\right)^2+2mbp_\phi\sin^2(\theta)\right]-E=0$.

参考文献

Alexander L. Fetter and John Dirk Walecka, Theoretical Mechanics of Particles and Continua, McGraw - Hill, New York, 1980.

Herbert Goldstein, Classical Mechanics, Addison - Wesley Pub. Co. , Reading MA, USA, 1950.

Herbert Goldstein, Classical Mechanics, 2nd Edn, Addison - Wesley Pub. Co. , Reading MA, USA, 1980.

Louis N. Hand and Janet D. Finch, Analytical Mechanics, Cambridge University Press, 1998.

Jorge V. Jose and Eugene J. Saletan, Classical Dynamics, A Contemporary Ap - proach, Cambridge University Press, 1998.

L. D. Landau and E. M. Lifshitz, Mechanics, Vol 1 of A Course of Theoretical Physics, Pergamon Press, Oxford, 1976.

Cornelius Lanczos, The Variational Principles of Mechanics, The University of Toronto Press, 1970. Reprinted by Dover Press, New York, 1986.

K. F. Riley, M. P. Hobson and S. J. Bence, Mathematical Methods for Physics and Engineering, 2nd Edn, Cambridge University Press, 2002.

Stephen T. Thornton and Jerry B. Marion, Classical Dynamics of Particles and Systems, Brooks/Cole, Belmont CA, 2004.

图书在版编目（CIP）数据

大学生理工专题导读．拉格朗日量和哈密顿量/（美）帕特里克·哈米尔（Patrick Hamill）著；井帅译．—北京：机械工业出版社，2022.12

书名原文：A Student's Guide to Lagrangians and Hamiltonians

ISBN 978-7-111-71848-2

Ⅰ.①大…　Ⅱ.①帕…②井…　Ⅲ.①拉格朗日量②哈密顿量　Ⅳ.①O

中国版本图书馆 CIP 数据核字（2022）第 199556 号

机械工业出版社（北京市百万庄大街22号　邮政编码100037）
策划编辑：汤　嘉　　　　　　责任编辑：汤　嘉
责任校对：郑　婕　王明欣　封面设计：张　静
责任印制：郜　敏
三河市国英印务有限公司印刷
2023年1月第1版第1次印刷
148mm×210mm·5.25印张·149千字
标准书号：ISBN 978-7-111-71848-2
定价：45.00元

电话服务
客服电话：010－88361066
　　　　　010－88379833
　　　　　010－68326294
封底无防伪标均为盗版

网络服务
机　工　官　网：www.cmpbook.com
机　工　官　博：weibo.com/cmp1952
金　书　网：www.golden-book.com
机工教育服务网：www.cmpedu.com